数字经济
系列教材

区块链技术应用实训

主　编◎康正晓　刘利利
副主编◎花均南　刘全宝　高莹莹

上海交通大学出版社
SHANGHAI JIAO TONG UNIVERSITY PRESS

内容提要

本书为“数字经济”系列教材之一，采用案例式教学，遵循以“区块链技术学习、传统业务场景痛点分析、区块链技术改进方案提出”为实训逻辑，逐步提升学生对区块链技术与业务场景相结合的分析能力。全书共分9章，内容包括区块链发展历史与应用领域，区块链金融应用实训平台，区块链基础实训，建链与应用演练实训，信用流转业务实训，跨境保理业务实训，证券、数字钱包、保险业务实训，区块链电子发票业务实训，区块链价值与通证设计实训。

本书可作为高等院校经济类、管理类专业的本科生、研究生的教材，也可作为学生自主学习的操作指南及实训教师的指导手册。

图书在版编目(CIP)数据

区块链技术应用实训/康正晓，刘利利主编. —上海：上海交通大学出版社，2023.4(2025.1重印)

ISBN 978-7-313-27496-0

Ⅰ.①区… Ⅱ.①康…②刘… Ⅲ.①区块链技术—高等学校—教材 Ⅳ.①TP311.135.9

中国版本图书馆CIP数据核字(2022)第177552号

区块链技术应用实训

QUKUAILIAN JISHU YINGYONG SHIXUN

主　　编：康正晓　刘利利

出版发行：上海交通大学出版社　　地　　址：上海市番禺路951号

邮政编码：200030　　电　　话：021-64071208

印　　制：上海万卷印刷股份有限公司　　经　　销：全国新华书店

开　　本：787mm×1092mm　1/16　　印　　张：12.5

字　　数：284千字

版　　次：2023年4月第1版　　印　　次：2025年1月第3次印刷

书　　号：ISBN 978-7-313-27496-0　　电子书号：ISBN 978-7-89424-309-6

定　　价：49.00元

编 委 会

Preface

总　　序

随着信息数字技术的快速发展与普及应用，数字经济浪潮势不可当。2017 年《政府工作报告》首次提出“数字经济”，提出推动“互联网＋”计划深入发展，促进数字经济加快增长，从而将发展数字经济上升到国家战略的高度。2021 年中国数字经济规模达到 45.5 万亿元，占国内生产总值(GDP)比重超过三分之一，达到 39.8%，成为推动经济增长的主要引擎之一。数字经济在国民经济中的地位更加稳固，支撑作用更加明显。

在国家数字经济战略背景下，外部环境的数字化转变决定了数字化转型将会是未来传统企业的必经之路和战略重点，这使得未来市场可能出现巨大的数字人才需求。波士顿咨询公司发布的《迈向 2035:4 亿数字经济就业的未来》报告认为，当前中国数字人才缺口巨大，拥有“特定专业技能(尤其是数字技能)”对获取中高端就业机会至关重要，并预测到 2035 年中国整体数字经济就业容量将达 4.15 亿人。可以预见，应用型数字经济人才将成为未来市场上最为短缺的专业人才。

为了对接国家数字经济发展战略和未来市场的数字经济人才需求，我们策划、组织编写了这套“数字经济”系列教材，其目的在于：

(1) 系统总结近年来我国数字经济领域涌现的新理论、新技术、新成果，为我国数字经济从业人员提供智力参考；

(2) 提供数字经济专业教材，为高水平数字经济人才的培养提供一套系统、全面的教科书或教学参考书；

(3) 构建一个适应数字经济理论和数字技术发展趋势的科研交流平台。

这套数字经济系列教材面向应用型数字经济专业人才的培养目标，即培养兼具现代经济管理思维与数字化思维，又熟练掌握数字化技能的高素质应用型产业数字化人才。这套教材全面反映了数字经济理论、信息经济学理论及其最新进展，注重数字经济理论、数字技术与应用实践的有机融合，体现包括区块链、Python、云计算、人工智能等高新技术的最新进展和在各类商业环境下的应用，这其中着重强调 Python 作为大数据分析工具在财务和经济两大领域的应用。这套教材可以为数字经济相关专业背景的学生或从业人员提供研究数字经济现象问题的理论基础、建模方法、分析工具和应用案例。

希望这套教材的出版能够有益于我国数字经济专业人才的培养，有益于数字经济领域的理论普及与技术创新，为我国数字经济领域的科研成果提供一个展示的平台，引领国内外数字经济学术交流和创新并推动平台的国际化发展。

袁胜军
2022 年 1 月

Foreword

前　言

2019年10月，中共中央政治局就区块链技术发展现状和趋势进行第十八次集体学习。中共中央总书记习近平在主持学习时强调，区块链技术的集成应用在新的技术革新和产业变革中起着重要作用，要把区块链作为核心技术自主创新的重要突破口，明确主攻方向，加大投入力度，着力攻克一批关键核心技术，加快推动区块链技术和产业创新发展。因此，加快区块链创新技术应用人才的培养体系建设势在必行。

目前，现有的区块链技术应用实训，将区块链作为技术学科进行教学，区块链技术与应用场景是割裂的，并未从全维能力角度来训练学生。在新技术尚未形成统一教学标准的情况下，只有通过多角度、全能力、复合型人才的培训，才能适应新时期人才市场的需求。

"区块链金融应用实践平台"以当前社会对于区块链人才的实际需求为目标，结合院校经管类、金融类专业的教学特点，以区块链认知能力培养为核心，以区块链创新思维方式为重点，对学生在区块链课程体系学习的过程中需要运用的知识和技能进行跨学科排序，将区块链实践教学从烦琐的技术架构讲解中解脱出来，通过区块链基础知识的学习，搭配显性化模拟工具的使用，引导学生通过创新思维，感知去中心化交易业务的优势。平台通过团队协作、分组讨论、方案呈现等主动学习方式，提升学生的全能力，为学生成为"区块链高端人才"打下坚实的基础。

实训过程采用探究式教学组织设计。教师作为任务启动者，先引出问题，引导学生思考；学生作为任务执行者，在执行中发现和思考问题；教师针对问题通过使用相应的分析工具组织学生讨论、分析、总结；学生在后续实训任务中不断验证问题，提高学生在区块链领域的思维能力。

本书融合了区块链技术应用的业务场景，适用于经济管理类的本科、高职院校学生的区块链技术应用实训课程，也适用于有志于了解区块链技术特点和应用的社会人士学习。

本书在内容与结构上的特点如下：一是实用性，本书配合区块链金融应用实践平台，采用游戏化、仿真模拟与案例教学模式相结合的方式，对区块链核心技术特点、传统金融业务痛点、区块链金融业务场景进行详细的讲解说明，并配合教师引导启发，有助于全面提高实训效果；二是系统性，本书按照"技术基础实训—传统业务实训—区块链业务场景实训—自主区块链通证设计"能力递进的逻辑，对软件的原有任务进行了重新提炼，结构更合理，更贴近学习规律。实训参考学时为 32 学时或 48 学时。

本书由桂林电子科技大学康正晓、刘利利任主编，桂林电子科技大学花均南、北京知链科技有限公司刘全宝、高莹莹任副主编。康正晓负责全书系统架构、第 1 章、第 2 章、第 3 章、第 4 章及第 9 章的编写；刘利利负责第 5 章的编写；花均南负责第 6 章的编写；高莹莹负责第 7 章的编写；刘全宝负责第 8 章的编写。在此表示感谢。

由于编者水平有限，书中存在的疏漏与不足之处，诚挚地希望读者批评指正，以便进一步修改和完善。

编 者

2022 年 3 月

Contents

目　　录

第1章 区块链发展历史与应用领域

本章知识点

(1) 区块链发展历史与重要事件。

(2) 区块链主要应用领域。

区块链技术作为新一代信息通信技术的重要演进，为数据要素的管理和价值释放提供了新思路，为建立跨产业主体的可信协作网络提供了新途径，在疫情后全球经济复苏和数字经济发展中，起着越来越重要的作用。本章梳理了区块链发展历程中的重要事件，列举了区块链技术的主要应用领域。

1.1 区块链发展历史

1.1.1 萌芽时期

早在二十世纪七八十年代，在计算机技术高度发达的地区，已经存在分布式存储与加密技术，这就是区块链最早的萌芽时期。

1.1.2 初步发展时期

中本聪创造性地把分布式存储和加密技术结合，发明了比特币。这是区块链初步发展时期。比特币是区块链的一种应用方式。比特币通俗地讲就是给记账人的一种奖励，与真实的货币奖励有着本质的不同，但即使这样，它确实大大提高了区块链的受关注度和认可度，客观上推动了区块链应用的发展。但要注意，先有区块链，后有比特币。

1.1.3 曲折历程

表 1-1 列举了区块链发展中的重要事件。区块链发展经历了曲折的历程，披萨饼事件(比特币有了现实价值)→开始冲击政府的官方货币→受到官方的质疑(2013 年 5 月美国通过法律冻结比特币的交易，7 月泰国封杀比特币，使区块链进入低谷)→重新崛起

(2013 年 8 月 19 日，德国成为全球第一个认可比特币的国家)→迅速发展阶段(2016 年至今)。

发展到今天，比特币可以像股票一样炒作，1 比特币的最高价格曾达到人民币 10 万元以上，到今天为止，每个比特币价格也达到 2 万元以上，在加拿大、新加坡、德国，区块链技术已广泛应用到金融领域、物流行业，甚至在有些扶贫、基金领域也都开始使用区块链技术。

表 1-1　区块链发展历程中的重要事件(部分)

日　期	事　件	日　期	事　件
2008.11.1	中本聪发表了一篇《Bitcoin: A Peer-to-Peer Electronic Cash System》	2014.5	美国的 Dish Network 公司宣布支持比特币支付
2009	中本聪发布首个比特软件，并正式启动了比特币金融系统	2014.12	Microsoft 公司宣布支持比特币支付
2009.1.3	中本聪在一个小型服务器上挖出了第一批 50 个比特币，被称作“上帝区块”	2015	比特币突破 1P Hash/s 的全网版图
2010.5.22	Laszlo Harnyecz 用 10 000 个比特币买了两块披萨	2015	IBM 宣布加入开放式账本项目
2010.7.17	第一个比特币交易平台 MT. GOX 成立	2015	Microsoft 公司宣布支持区块链服务
2011.2.9	比特币首次与美元等价，每个比特币价格达 1 美元	2015.3	摩根大通的高管 Blythe Masters 离职，转入区块链公司
2011.3.6	比特币全网计算速度达 900 G Hash/s，显示“挖矿”流行起来	2015.5	高盛开展区块链技术的技术储备和探索
2011.8	MyBitcoin 遭到黑客攻击，涉及 49% 的客户存款，超过 78 000 个比特币	2015.6	桑坦德银行进行区块链实验
2011.8.20	第一次比特币会议在纽约召开	2015.6	巴克莱银行探索区块链技术如何应用于金融服务业
2012.11.25	欧洲第一次比特币会议召开	2015.7	德勤推出软件平台 Rubix，允许客户基于区块链的基础设施创建各种应用
2012.12.26	世界上首家被官方认可的比特币交易所——法国比特币中央交易所诞生	2015.8	以太坊可以实现任意基于区块链的应用
2013.7.30	泰国开全球先河，封杀比特币	2016.1.20	中国人民银行召开数字货币研讨会，是我国对于区块链及数字货币价值的认可
2013.8.19	德国成为首个承认比特币的国家		
2013.10	加拿大启用了世界首台比特币自动提款机	2017.1	中国人民银行正式成立数字货币研究所
2013.11.29	每个比特币价格达到 1 242 美元，创下历史上的新高	2017.4	腾讯发布区块链方案白皮书，旨在打造区块链生态
2013.12.5	中国人民银行五部委印发了《关于防范比特币风险的通知》	2017.4.25	首个“区块链大农场”推介会在上海举办
2013.12	支付宝停止接受比特币付款		

续表

日期	事件	日期	事件
2018.1.27	“CIFC 区块链联盟”成立仪式在北京举行	2018.3.31	召开“2018 首届‘区块链＋’百人峰会暨 CIFC 区块链与数字经济论坛”
2018.3.11	召开“第二期 CIFC 区块链技术与应用实践闭门会”	2018.5.12	乌镇普众区块链学院正式揭牌成立

1.1.4　政府重视

2018 年 5 月 28 日，习近平总书记在中国科学院第十九次院士大会、中国工程院第十四次院士大会上发表重要讲话时，明确表示区块链与人工智能、量子信息、移动通信、物联网并列为新一代信息技术的代表，这表明中央对区块链技术的发展前景寄予厚望。之后，全国已有十余个省、自治区和直辖市，相继出台了支持和鼓励区块链产业发展的相关政策，正在建设中的雄安新区更是把区块链纳入重点产业，大力发展。总书记的讲话对各个地区、部门更加全面地发展和深刻认识区块链，积极出台相关政策，起到了巨大的推动作用，区块链迎来快速发展的机遇期。

1.2　区块链主要应用领域

在应用方面，区块链一方面助力实体产业，另一方面融合传统金融。

在实体产业方面，区块链优化传统产业升级过程中遇到的缺乏信任和自动化效率低等问题，通过增强共享和重构等方式助力传统产业升级，重塑信任关系，提高产业效率。

在金融产业方面，区块链有助于弥补金融和实体产业间的信息不对称，建立高效价值传递机制，实现传统产业价值在数字世界的流转，对帮助商流、信息流、资金流达到三流合一具有重要作用。

目前，区块链的技术应用场景不断铺开，从金融、产品溯源、政务民生、电子存证到数字身份与供应链协同，场景的深入化和多元化不断加深。然而，区块链的应用仍旧处于较为初级的阶段，各类应用模式仍在发展中演进，仍需持续探索。

1.2.1　区块链在数字经济模式创新方面的应用

1. 区块链作为新型信息基础设施打造数字经济发展新动能

区块链与各行业传统模式相融合，为实体经济降成本，提高产业链协同效率，构建诚信产业环境。从交易信息到去中心化应用，区块链承载的内容会越来越丰富，将为各式各样的数字化信息，提供一个可确权、无障碍流通的价值网络，在实现对所有权、隐私权保护的前提下，让更多的价值流动起来。

区块链将会成为未来社会的信息基础设施之一，与云计算、大数据、物联网等信息技术融合创新，以构建有秩序的数字经济体系。比如在政府治理领域，区块链是打造透明廉政政府，实现“数据多跑路，百姓少跑路”智慧政务的有效途径。在金融服务领域，区块链将资金流、信息流、物流整合起来实现“三流合一”，有助于提升信任穿透水平，解决中小微企业“融资难、融资贵”难题。

2. 区块链技术具有重塑中心化金融基础设施的潜力

区块链带来的不仅是技术方面的改良，更进一步引入了新的金融模式和组织形式。如Facebook发起的Libra项目，其目标是构建一个全球化、分布式可编程的通用底层金融基础设施，这对当前金融体系具有颠覆性意义。其原因如下。

(1) 区块链分布特征使不同金融市场出现“去中介化”趋势，不再依托于集中化的银行管理，这将可能改变现有金融体系中的支付、交易、清结算流程，降低金融机构之间的摩擦成本，提升执行效率。

(2) 区块链作为金融科技之一，改变传统金融市场格局，通过高透明、可穿透的数字化资产管理，形成信任的链式传递，加速数字资产的高效在线转移。

(3) “智能合约”的发展将使货币可编程，支付能够在特定条件下执行，比如中央银行可以发行特定用途的数字货币，精确地实施其产业政策，使这些货币只有在进入特定行业时才能被支付。

1.2.2 区块链在金融服务领域的应用

金融服务产业是全球经济发展的动力，也是中心化程度最高的产业之一。金融市场中交易双方的信息不对称导致无法建立有效的信用机制，产业链条中存在大量中心化的信用中介和信息中介，降低了系统运转效率，增加了资金往来成本。

区块链技术源自加密货币，凭借其开放式、扁平化、平等性的系统结构，以及操作简化、实时跟进、自动执行的特点，与金融行业具有天然的契合性，最早在金融领域发挥优势作用。

目前，国内一定数量的金融业应用已经通过了原型验证和试运营阶段，涉及供应链金融、跨境支付、资产管理、保险等细分领域。在实际业务运营取得的应用成果，可集中体现金融业运用区块链技术的思路：在多方协作的场景里，用来共享风控信息，跟踪合同类关键证据，进行资产交易和信用传递，目的是扩大规模、提升效率、改善体验，并降低风险和成本。表1-2列举了金融服务领域典型应用案例。

表1-2 金融服务领域典型应用案例

案例	日期	内容
跨行/跨境支付	2017.12	招商银行联合永隆银行、永隆深圳分行，成功实现了三方间使用区块链技术的跨境人民币汇款。这是全球首笔基于区块链技术的同业间跨境人民币清算业务
	2018.1	中国建设银行浙江省分行与杭州联合银行合作实现业内首笔跨行区块链福费廷交易
	2018.10	中国银行、中信银行、中国民生银行三家银行设计开发的区块链福费廷交易平台成功上线，并于当日完成首笔跨行资产交易
	2018.12	由中国银行业协会联合国家开发银行等共同发起的“中国贸易金融跨行交易区块链平台”正式上线运行，中国工商银行和招商银行也完成了首笔跨行国内信用证链上验证
	2019.4	中国国投国际贸易有限公司所属南京公司完成了内地首笔基于区块链技术的跨境信用证交易

续表

案例	日期	内容
资产管理	2016.10	中国邮政储蓄银行携手 IBM(中国)有限公司推出的基于区块链技术的资产托管系统上线,这是中国银行业将区块链技术应用于银行核心业务系统的首次成功实践
	2018.6	交通银行正式上线业内首个投行全流程区块链资产证券化平台"聚财链"。随后,交通银行 2018 年第一期个人住房抵押贷款资产支持证券(RMBS)基础资产信息完成上链
	2019.2	京东数字科技宣布推出资管科技系统"JT^2 智管有方",其证券化服务体系利用区块链技术,能帮助投资人看清底层资产状况,提高投资效率,能为机构投资者提供产品设计、销售交易、资产管理和风险评估等服务
供应链金融	2018.10	由腾讯与联易融共同合作、运用腾讯区块链技术打造的区块链供应链金融平台"微企链"成为《区块链与供应链金融白皮书》的首个入选案例
	2018.11	工商银行联合核心企业及第三方供应链金融服务平台,利用区块链技术将核心企业与各层级供应商间的采购资金流与贸易流集成到区块联盟平台上,成功发放了首笔数字信用凭证融资
	2019.3	腾讯云发布区块链供应链金融(仓单质押)解决方案,搭建了一个能够快速担保、可信确认的融资平台,仓单质押融资借贷过程中的金融风险以及风控管理的难度都将有效降低,融资效率得以大幅提升

数据来源:中国信息通信研究院《区块链白皮书(2019 版)》。

1.2.3 区块链在产品溯源领域的应用

区块链作为一种新兴技术,打造了一种去中心化、价值共享、利益公平分配的自治价值溯源体系。区块链溯源应用,目前主要分为两类:

一类是新型的区块链创业公司。区块链技术所带来的新的产业与商业模式催生了大量的创业公司,他们先一步进入溯源市场,抢占市场份额。

另一类是互联网巨头,他们试图将区块链技术与自己的传统产业相融合,解决企业实际问题,同时向平台化发展,提供多行业服务。根据其业务类型又可以分为两类,应用方案服务商多与业务方对接,基于需求提供应用解决方案,如阿里巴巴、京东、沃尔玛、中食链等;技术服务商为应用方案商提供区块链底层基础设施的搭建及相关开发合作,大多可同时服务于多个行业。表 1-3 列举了产品溯源领域的典型应用案例。

表 1-3 产品溯源领域的典型应用案例

案例	日期	内容
农业溯源	2017.3	阿里巴巴与普华永道达成合作,宣布将应用区块链打造透明可追溯的跨境食品供应链,搭建更安全的食品市场
	2018.7	山东省寿光市新规划建设的 18 个重点农业园区全面推广区块链追溯系统,真正实现农产品源头可追溯、流向可跟踪、信息可查询、责任可追溯,由粗放分散发展向组织化、集约化发展转变
	2018.9	百度推出"区块链+大闸蟹"溯源应用,通过使用溯源工具对每只大闸蟹对应的蟹扣和蟹体进行扫描,即可追溯来源

续表

案例	日期	内容
商品溯源	2018.08	“京东区块链防伪追溯平台”BaaS正式上线，商品的原料的生产、加工、物流运输、零售交易等数据都可以上链
	2018.10	深圳首个“保税+社区新零售”顺丰优选项目“丰溯Go”上线运营。“丰溯Go”依托区块链技术，搭建商品供应链全程溯源体系，解决了跨境商品身份认证的行业痛点
	2019.1	中国网“一带一路”网与中追溯源科技股份有限公司联合发起的基于区块链技术的“一带一路”可追溯商品数据库正式启动，确保每一件商品都能实现来源可查，去向可追，有力杜绝假冒伪劣产品
其他溯源	2018.05	百度百科上链，利用区块链不可篡改性来保证百科历史版本准确保留，从而增强词条编撰的公信力，实现信息溯源
	2018.05	京东物流主导创建了国内首个“物流+区块链技术应用联盟”，旨在搭建国内外区块链技术互动平台，助力区块链技术在物流行业的标准化发展

数据来源：中国信息通信研究院《区块链白皮书(2019版)》。

1.2.4 区块链在政务民生领域的应用

2018年7月31日国务院出台的《关于加快推进全国一体化在线政务服务平台建设的指导意见》中指出：要在2022年底前，全面建成全国一体化在线政务服务平台，实现“一网办”。

区块链技术可以大力推动政府数据开放度、透明度，促进跨部门的数据交换和共享，推进大数据在政府治理、公共服务、社会治理、宏观调控、市场监管和城市管理等领域的应用，实现公共服务多元化、政府治理透明化、城市管理精细化。

作为我国区块链落地的重点示范高地，政务民生领域的相关应用落地集中开始于2018年，多个省、市、地区积极通过将区块链写进政策规划进行项目探索。区块链在政务方面，主要应用于政府数据共享、数据提笼监管、互联网金融监管、电子发票等；在民生方面，主要应用于精准扶贫、个人数据服务、医疗健康数据、智慧出行、社会公益服务等。表1-4列举了政务民生领域中的典型应用案例。

表1-4 政务民生领域典型应用案例

案例	日期	内容
电子政务	2017.5	北京市政府上线的“房产交易与不动产登记一体化办理平台”使用区块链技术实现了“四减一升”目标：将房产、税务、国土等部门的咨询、受理、收费窗口合并，实现交易登记类业务一窗联办
	2019.4	北京市海淀区推出基于区块链等技术的“不动产登记+用电过户”同步办理的新举措，实现以二手房交易为主题的各项服务的联动办理
	2019.6	青岛市市北区运用区块链打造了“政务知识学习及考试平台”和“政务KPI考核平台”，将通证和绩效挂钩，在简化办事流程的同时将所有过程上链，保证透明可追溯
发票/票据	2018.6	广州市黄埔区税务局推出了广州首个“税链”区块链电子发票平台，致力解决纳税人发票使用中的痛点、堵点问题，构建发票管理开放性生态化的共治格局
	2018.8	由国家税务总局深圳市税务局主导、以腾讯自主研发的区块链技术为支撑的区块链电子发票“税务链”项目上线。在深圳国贸旋转餐厅开出全国第一张区块链发票
	2019.6	全国首个区块链电子票据平台——浙江省区块链电子票据平台上线。该平台由浙江省财政厅发起，应用支付宝的蚂蚁区块链技术共同推进，旨在优化用户就医流程

续表

案　例	日　期	内　容
便民服务	2018.9	蚂蚁金服和上海复旦大学附属华山医院合作推出全国首个区块链电子处方，能够解决篡改医院处方、复诊患者拿着处方不遵医嘱在外面重复开药等多个问题
	2019.4	依托腾讯区块链，上海第一人民医院和安徽省立医院率先上线区块链电子病历，完成联盟电子卡的调通和开卡，制定了统一的电子病历展现标准
	2019.6	佛山市禅城区启动全省首个"区块链＋疫苗"项目建设，打造"区块链＋疫苗安全管理平台"，旨在实现疫苗流通全过程的可视化监管，并简化疫苗预约接种流程
社会公益	2017.4	公益中行互联网平台正式上线，同年 9 月覆盖 12 个省的 32 个贫困县。该平台借助区块链技术全面可持续地推进精准扶贫，是区块链技术在民生领域一次创新应用
	2018.10	贵州省扶贫基金会与 CROS 区块链技术公司合作搭建的区块链智慧公益平台正式上线，实现了公益活动过程中信息与行为的全流程存证、全周期追溯与审计
	2019.7	海口市龙华区启动了海南首个区块链＋志愿服务项目，即通过建立区委宣传部、团委、民政、司法等部门与志愿服务工作的衔接机制，在志愿服务平台上实现互联互通

数据来源：中国信息通信研究院《区块链白皮书(2019 版)》。

1.2.5　区块链在电子存证领域的应用

区块链技术具有防止篡改、事中留痕、事后审计、安全防护等特点，有利于提升电子证据的可信度和真实性。区块链与电子数据存证的结合，可以降低电子数据存证成本，提高存证效率，为司法存证、知识产权、电子合同管理等业务赋能。

2018 年 9 月 7 日，中国最高人民法院印发《关于互联网法院审理案件若干问题的规定》，承认了区块链存证在互联网案件举证中的法律效力，目前包括北京、杭州、广州等在内的全国至少有 7 省市法院构建了区块链电子证据平台。

2019 年 8 月，最高人民法院宣布正在搭建人民法院司法区块链统一平台，目前已完成最高人民法院、高院、中院和基层法院四级多省市 21 家法院，以及国家授时中心、多元纠纷调解平台、公证处、司法鉴定中心等 27 个节点的建设，联合四级法院共完成超过 1.94 亿条数据上链存证固证，并牵头制定了《司法区块链技术要求》《司法区块链管理规范》，指导规范全国法院数据上链。表 1－5 列举了电子存证领域的典型应用案例。

表 1－5　电子存证领域典型应用案例

案　例	日　期	内　容
司法存证	2018.9	杭州互联网法院运行的司法区块链系统正式上线，已经接入公证处、司法鉴定中心等多个节点。该链系统是通过将杭州互联网法院作为节点加入阿里巴巴旗下蚂蚁区块链建立的联盟链中来实现的
	2018.12	北京互联网法院"天平链"在京正式发布。"天平链"是由工信部安全中心与百度等各家国内领先区块链产业企业形成联盟共建的区块链电子证据平台，采用中国自研的百度超级链作为底层技术，其节点数和应用量均列国内司法行业第一
	2019.6	广州市中级人民法院智慧破产审理系统上线。该系统由广州中院在去年建立的全国首个破产案件资金管理系统的基础上，联合平安银行广州分行进行研发，由广州破产管理人协会协同支持

续表

案例	日期	内容
商用存证	2016.8	深圳法大大网络科技有限公司(简称法大大)联合微软(中国)、Onchain发起成立了全球首个大规模商用电子存证区块链联盟“法链”,迈出了中国探索区块链技术在法律场景应用的第一步
	2019.6	中石化在通过验收的2016年国家档案局关于电子文件归档和电子档案管理的试点项目中首次尝试使用区块链技术对电子档案进行存证及验证
	2018.12	京东发布了企业级区块链存证平台,可通过自动化取证、可信存证、一键举证、侵权预警等功能,应用于多种同信任关联的场景中,助力构建信任经济
版权保护	2018.4	百度上线版权区块链原创图片服务平台——图腾。应用自研区块链版权登记网络,从抓取每张原创图片生成版权DNA,到原创版权保护,形成一个良性循环过程。其电子存证数据与北京互联网法院的“天平链”对接,使得存证数据具备法律效力
	2019.1	百度超级链联合百度百科,基于区块链技术创建“文博艺术链”,推动百科博物馆计划中的246家博物馆线上藏品上链及其数字版权的确权、维护和交易
	2019.5	百度智能云发布区块链音视频版权保护解决方案,通过区块链+媒体DNA两大能力,构建数字内容版权新业态。整个解决方案覆盖三大场景:版权确权、版权交易和版权维护

数据来源:中国信息通信研究院《区块链白皮书(2019版)》。

1.2.6 区块链在数字身份领域的应用

在当前各国纷纷加紧对于个人数据管制的同时,数字身份仍存在信息碎片化、数据易泄露、用户难自控等问题,区块链技术凭借其去中心化、加密、难篡改等特征,为数字身份的可信验证、自主授权提供一个值得探索的方向。

据Research & Markets预测,全球区块链身份管理市场将从2018年的9 040万美元增长到2023年的19.299亿美元,预测期内复合年增长率为84.5%。近年来科技企业发起的数字身份项目多达200多个,正在成为行业发展的中坚力量。

一方面,IBM、微软等科技巨头积极布局,打造各自的分布式数字身份平台。2019年初,脸书(Facebook)创始人扎克伯格公开表示将考虑建立基于区块链技术的认证系统让用户安全登录。另一方面,以Civic、uPort、Evernym、Indy、SelfKey、IDHub等为代表的一批区块链创新创业项目,虽然技术应用关注点各有侧重,但同样为数字身份发展提供了重要的技术动力。表1-6列举了数字身份领域的典型应用案例。

表1-6 数字身份领域典型应用案例

案例	日期	内容
个人身份认证	2017.6	佛山市禅城区政府推出IMI数字身份平台,依托于区块链底层技术,构建智慧多功能身份认证平台。市民可通过平台办理公积金查询、交通违章查询等业务
	2018.2	佛山市启动“社区民警智能名片”区块链应用项目。该项目对社区民警和驻校民警进行数字身份认证,基于区块链的三级身份验证系统,给民警佩戴含防伪身份证二维码的智能民警联系卡

续表

案　例	日　期	内　容
设备身份认证	2018.4	中科物安物联网安全研究院推出了基于区块链的物联网设备身份管理与认证技术。该技术利用区块链的去中心化特点实现物联网设备的身份管控、跨域认证和细粒度访问控制
	2018.12	阿里云宣布推出新版物联网设备身份认证 Link ID²。它是物联网设备的可信身份标识，具备不可篡改、不可伪造、全球唯一的安全属性，是实现万物互联、服务流转的关键基础设施

数据来源：中国信息通信研究院《区块链白皮书(2019版)》。

1.2.7　区块链在供应链协同领域的应用

公开资料统计显示：目前国内供应链管理和物流成本高达20%，远远高于欧美国家的8%，还有很大的改善空间，而这正是供应链协同应用可发挥作用的地方。

基于区块链的供应链协同应用将供应链上各参与方、各环节的数据信息上链，做到实时上链，数据自产生就记录到区块链中。

典型的采购和销售供应链阶段包括生产采购订单、仓库备货、物流运输、收货确认、商品销售等环节。通过供应链上各参与方数据信息上链，数据加密存储保证数据隐私，智能合约控制数据访问权限，做到数据和信息的共享与协同管理。

区块链在供应链协同领域的主要应用方向包括数据共享与可视性、去中间环节与数据安全、自动验证执行与高效协同。表1-7为供应链协同领域的典型应用案例。

表1-7　供应链协同领域典型应用案例

案　例	日　期	内　容
供应链管理	2018.3	腾讯和中国物流与采购联合会(中物联)联合发布区块供应链联盟链及云单平台，以提升物流与供应链行业的效率，助力行业标准化运营，并帮助物流行业的小微商户解决融资困难等问题
	2019.4	全链通有限公司提出工业制造业供应链协同应用，建立了基于区块链的、以合同签订和履约跟踪为核心的企业信用机制和基于区块链的质量保障能力和履约综合能力认证应用，解决了多方数据共享的信任问题，实现供应链透明化管理
	2019.6	青岛海尔有限公司提出企业协同海运保险，基于自主研发的COSMOPlat平台，利用区块链技术实现平台用户间数据(订单、报关、海上天气、船舶位置等)的实时可靠共享，保险公司可以快速承保，用户也可以实时理赔，生产企业也可据此实现一键快速通关
	2019.8	上海分布科技信息有限公司提出了企业危化品协同供应链，用以解决供应流程中的痛点问题，并通过区块链技术整合多方数据。在保证信息安全的前提下，实现数据在行业上下游企业之间的多方流转，从而降低企业间的信任成本，提高协作效率

数据来源：中国信息通信研究院《区块链白皮书(2019版)》。

区块链的应用十分广泛，有业内人士认为区块链1.0针对数字货币；区块链2.0针对智能合约，可以应用在金融市场；区块链3.0运用的场景将会更多，甚至可能开启一个区块链时代。

“十四五”规划提出，“培育壮大人工智能、大数据、区块链、云计算、网络安全等新兴数字产业”。区块链技术很有可能成为下一代互联网的基础架构，区块链的价值将是一个长期逐步释放的过程，各行各业对区块链的认知还将经历了解、接受、熟悉、直到灵活使用的过程，因此“十四五”期间区块链行业拥有广阔的发展前景。

习 题

1. 区块链主要应用领域有哪些？
2. 区块链技术发展可大概划分为几个阶段？

第2章

区块链金融应用实训平台

本章知识点

(1) 介绍区块链金融应用实训平台架构与创新性。

(2) 介绍实训平台学生端的使用方法。

"区块链技术应用实训"课程的配套实训平台是区块链金融应用实训平台(以下简称"实训平台")。该平台是由北京知链科技有限公司研发的,它是面向院校的经管类专业开展新技术赋能的实训平台,运用显性化的教学方法,让零基础的学生快速理解区块链的基本知识。

2.1 实训平台介绍

2.1.1 实训平台简介

实训平台包含了 9 个模块的教学内容、351 个实训教学任务、735 个学习资源、216 个知识点。

学生通过扮演 21 种不同岗位的角色进行实训练习,从而了解在信用流转、跨境保理、基金与保险、数字发票业务等场景下存在的主要问题。实训平台通过分析行业痛点,学习企业真实区块链应用案例,让学生掌握区块链技术创新应用方法,全方位培养学生在区块链领域的思维和提升学生的业务能力。实训平台界面如图 2-1 所示。

图 2-1 区块链实训平台界面

实训平台特点：平台将企业真实的区块链业务应用转化为实训课程，采取游戏化、仿真模拟的实现方式，让学生进行角色扮演、演练与实践；以金融业务为主，让学生在了解传统业务的基础上，进行业务痛点的总结；结合区块链技术原理与特征，分析区块链解决方案；通过对企业真实案例的实践实训，掌握区块链技术在行业业务中的应用方法与设计逻辑，领悟新技术对商业模式的改变与应用价值，激发学生的创新意识，培养学生的区块链思维与能力，使学生跟上科技发展的脚步。实训平台的思维与能力体系结构如图 2-2 所示。

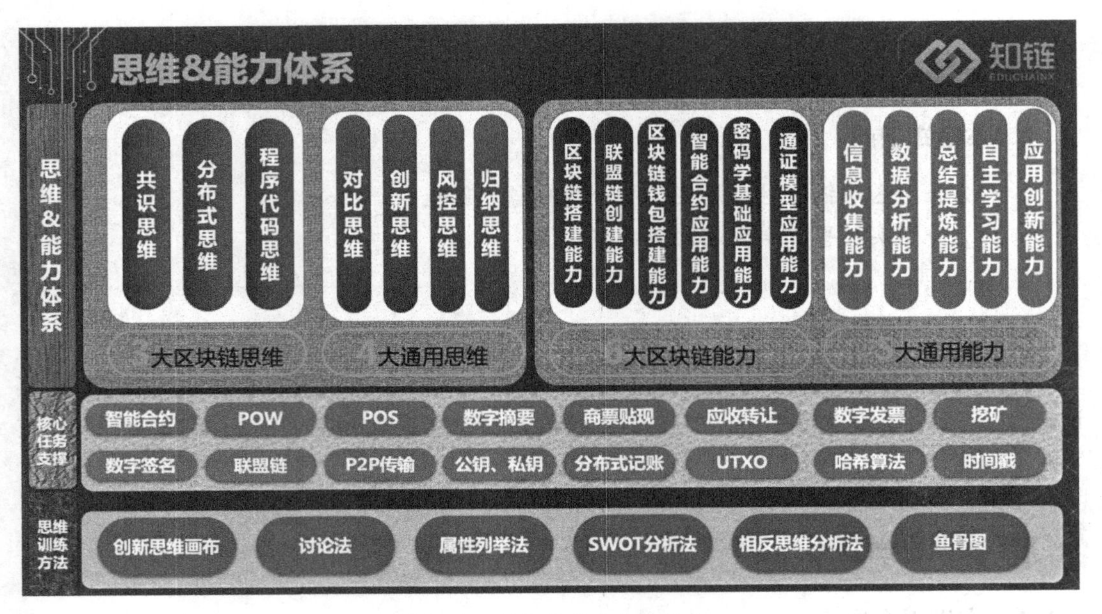

图 2-2 思维与能力体系结构

2.1.2 实训平台架构

实训平台分为展示层、业务层、数据层，实训平台的架构如图 2-3 所示。

2.1.3 实训平台的创新性

1. 区块链技术与原理可视化、仿真化的特点

区块链作为新兴技术，其涉及的知识点很多，而通过讲师讲解或者举例说明等传统教授办法很难将晦涩难懂的知识点描述清楚，学生也很难理解。有鉴于此，北京知链科技有限公司的区块链金融应用实践平台研发出 30 余种区块链技术小工具，通过图形化、可操作、可交互的方式，将知识点加以说明，有助于学生在了解理论知识的前提下，加深对区块链相关知识点的认识。

2. 重视“区块链+”创新思维的培养

传统互联网是信息互联网，区块链是价值互联网，所以，区块链也被认为是新时期的互联网。互联网思维可以理解为优秀的商业思维。区块链思维与互联网思维一样，也是

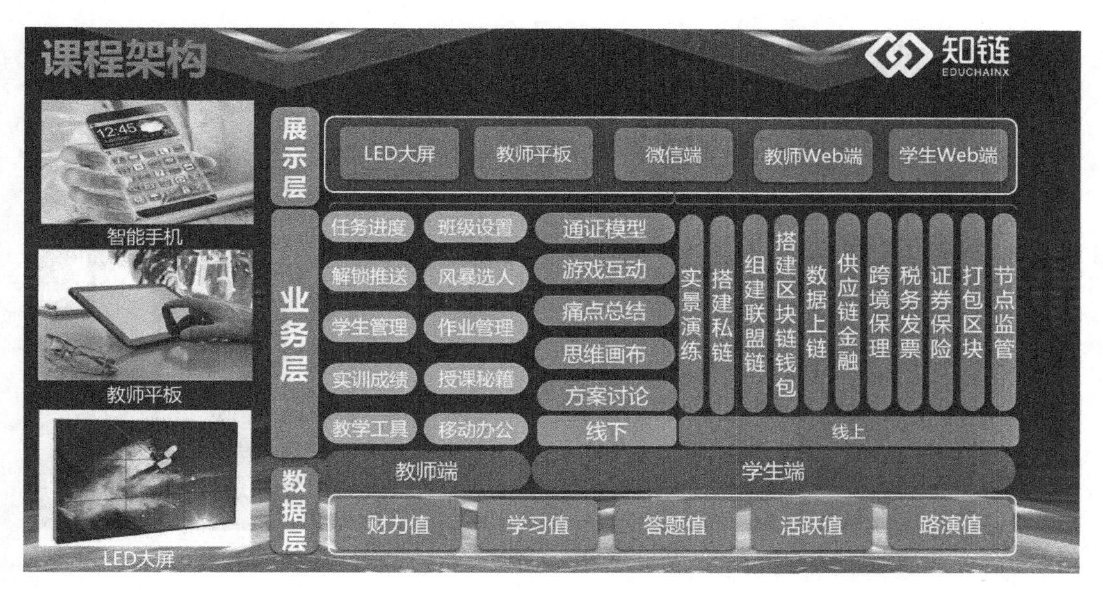

图 2－3　实训平台架构

从传统商业社会中延伸出来的。区块链依托于分布式账本、加密技术等，实现了原有互联网和商业不够重视或无法落地的需求，进而形成了一套商业逻辑。

因此，区块链思维可以归结为分布式思维、代码化思维、共识性思维 3 个内容，利用区块链金融应用实践平台，运用多种教学手段和教学方法，培养学生应用 3 种思维方式解决实际问题的能力，补充学生创新思维模式的不足。

2.2　实训平台应用指南

1. 登录系统

安装系统后，在浏览器地址栏输入系统登录地址，登录至“用户登录界面”，学生输入自己的用户名、密码，进入班级选择界面，单击教学班级，进入系统，课程界面如图 2－4 所示。单击“进入课程”，显示模块；单击“开始学习”，进入相关模块学习，如图 2－5 所示。

图 2－4　课程选择界面

图 2-5　区块链金融应用实训平台实训模块

2. 实训任务操作介绍

实训任务的菜单如图 2-6 所示，主要包括以下实训任务操作：

(1) 任务列表：所有的实训任务、业务流程(实训步骤)。

(2) 学习指导：实训任务的任务流程(步骤)。单击进入查看流程页面。

(3) 学习资源：实训任务的学习指导资料。单击 PDF 文档，打开学习阅读。

(4) 实境演练：实训任务的线上操作区域。单击进入线上实训操作。

(5) 知识评测：实训任务测试题。单击进入测试题页面。

(6) 学习心得：填写实训体会。单击进入实训任务学习心得页面。

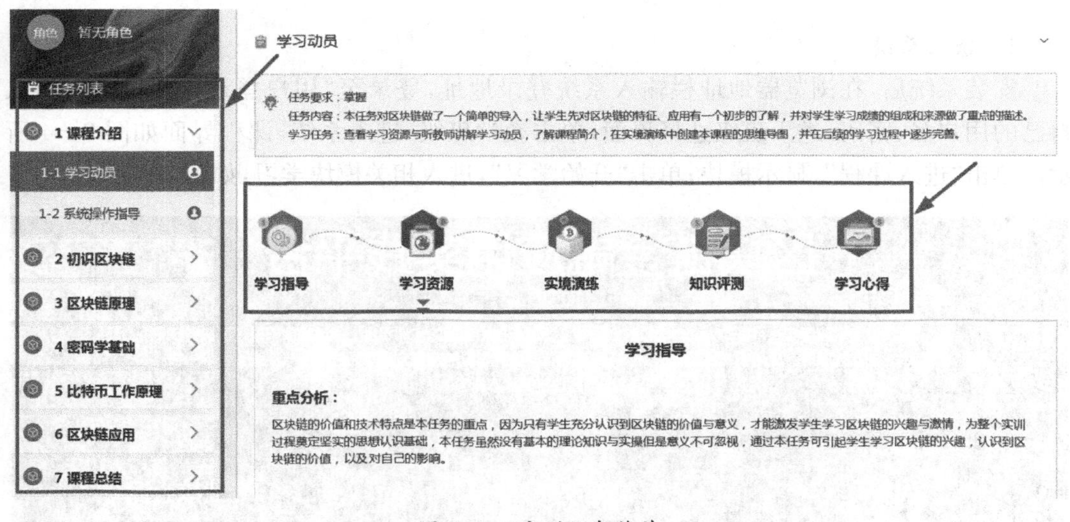

图 2-6　实训任务菜单

3．学习各种查询操作

(1) 任务地图：实训模块中所有任务的流程图(步骤)汇总。

(2) 学习看板：最新学习进度数据，实时跟踪。

(3) 同学信息：存放所有实训人员的个人信息、钱包地址、账号、公钥、私钥等。

(4) 学习成果：在任务中上传的PPT、图片等的汇总。

(5) 资源库：所有实训任务的学习资源汇总库，用于查询学习。

(6) 区块链工具：所有实训任务的区块链小工具汇总库。

(7) 我的成果：汇总个人不同实训模块的实训成果。

(8) 学习成绩：查询所有实训人员的个人成绩、成绩排行榜、实训报告。

(9) PK答题：实训人员间的个人学习比拼平台。

实训界面如图2-7所示。

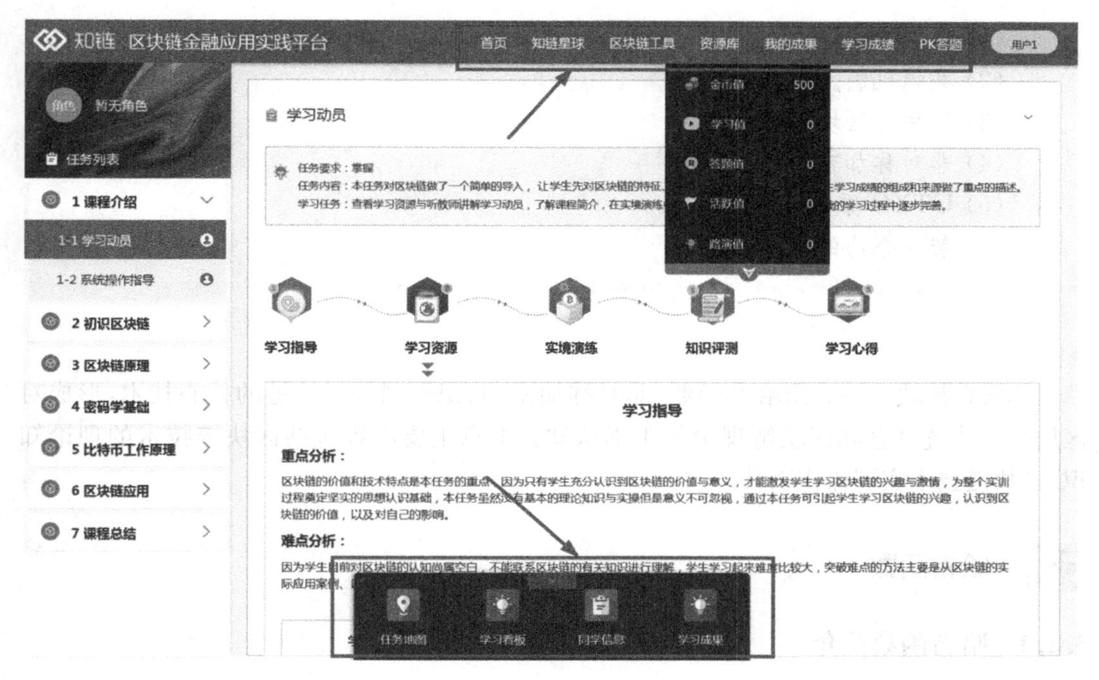

图2-7　实训界面

习　　题

1. 列举实训平台设计的创新性。

2. 实训平台在教学组织的过程中有哪些特点？

第3章

区块链基础实训

本章知识点

(1) 哈希算法。
(2) 共识机制。
(3) 区块与区块链的特点。
(4) 非对称加密。
(5) UTXO 原理与记账方式。
(6) 智能合约的特点。

本实训模块主要介绍哈希函数、非对称加密、共识机制等区块链的核心技术,形成对区块与区块链概念和区块链理论的正确认知。本章主要内容包括区块链技术的理论知识、区块链技术实训操作工具。

3.1 哈希函数

3.1.1 哈希函数简介

哈希(Hash)函数又称散列函数,是把任意长度的输入通过散列算法变换成固定长度的输出,该输出就是散列值。通俗地理解,它是一种只能加密,不能解密的算法,把任意长度的信息通过哈希算法可以转换成一段固定长度的字符串,这个字符串就是哈希值。

在密码学领域有一些著名的哈希函数。这些函数包括 MD2、MD4、MD5、SHA 等,哈希函数并不通用,通过这些函数可以产生固定的哈希值。

3.1.2 哈希算法特点

哈希算法作为区块链的加密算法,具备以下几个特点。

(1) 不可逆:输入不能用输出来推断或计算。没有办法通过逆转哈希值来查看原始数据集。

(2) 无冲突:输入的任何更改都必须产生完全不同的输出,相同的输入必须产生相同的输出。

(3) 哈希值长度固定:使用给定的哈希函数,产生的哈希值是固定长度的字符。

3.1.3　哈希算法在区块链中的作用

加密作用:这是由哈希算法的不可逆性决定的。因为,你永远无法通过哈希值知道它背后的明文。

防篡改作用:这是由哈希值的变化决定的,即改变一点点的内容,最后形成的哈希值就会产生翻天覆地的变化。

节省存储空间:这是由固定长度的字符串决定的。无论输入的内容是多少,最终输出的哈希值都是一个固定长度的字符串,这能保证区块链的存储空间够用。

3.1.4　哈希实训体验

第一步:打开"哈希"实训工具,如图3-1所示。

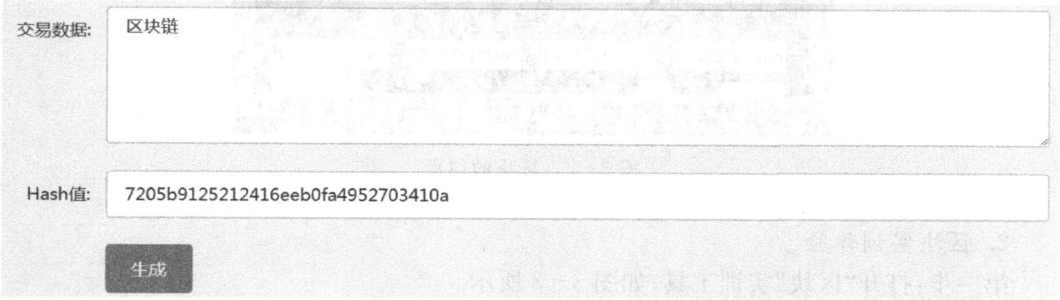

交易数据: 区块链

Hash值: 7205b9125212416eeb0fa4952703410a

生成

图3-1　哈希实训工具

第二步:在"交易数据"框中,多次输入随意数据。

第三步:单击"生成",观察"Hash值"框中多次输出值的特点。

第四步:总结哈希算法的特点。

3.2　区块与区块链

3.2.1　区块

1. 区块实训准备

(1) 区块。在区块链技术中,数据以电子记录的形式被永久存储下来,存放这些电子记录的文件就称之为"区块(block)"。区块是按时间顺序一个一个先后生成的,每一个区块记录它在被创建期间发生的所有价值交换活动,所有区块汇总起来形成一个记录合集。当数据被分成不同的区块后,每个区块通过特定的信息链接到上一个区块的后面,前后顺连来呈现一套完整的数据,这也是"区块链"名词的来源。

（2）区块结构。区块中会记录下区块生成时间段内的交易数据，区块的主体实际上就是交易信息的合集。每一种区块链的结构设计可能不完全相同，但结构上都分为区块头和区块体两部分。区块头用于链接前面的块并且为区块链数据库提供完整性的保证；区块体则包含了经过验证的、区块创建过程中发生价值交换的所有记录，它就像一节节火车车皮，每节车皮里都装满了货物（信息），如图 3-2 所示。

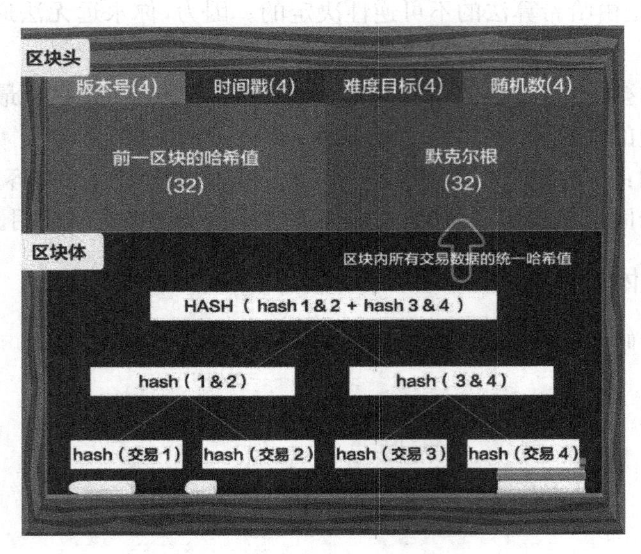

图 3-2 区块的组成

2. 区块实训体验

第一步：打开“区块”实训工具，如图 3-3 所示。

区块高度: # 1

随机数: 44004

交易数据: 区块链

Hash值: 0000b9125212416eeb0fa4952703410a

挖矿

图 3-3 区块实训工具

第二步：观察区块实训工具与哈希实训工具的区别。

第三步：随意输入“交易数据”，单击“挖矿”。观察“Hash 值”特点，掌握区块哈希值由哪些信息计算产生。

3.2.2 默克尔(Merkle)树

1. 默克尔树的理论准备

1) 区块与默克尔树的关系

在区块链中,默克尔树是一个有代表性的角色,一个区块中的所有交易信息都通过它进行归纳总结,这就大大提高了区块链的工作效率。

区块链中为什么要使用默克尔树呢?

以比特币为例,比特币网络中所有产生的交易都要打包进区块中,一般情况下,一个区块中包含几百上千笔交易是很常见的。由于比特币的去中心化特性,网络中的每个节点必须是独立、自给自足的,即每个节点必须存储一个区块链的完整副本。所以,比特币网络中的一个全节点(完全参与者)要存储、处理所有区块的数据,随着人们的使用,数据量会越来越大。随着数据量增加,区块链中节点所需的空间越来越大,导致效率低下。

于是中本聪在比特币白皮书中提出了解决这个问题的方案:简化支付验证(simplified payment verification, SPV)。SPV是一个比特币轻节点,也就是大部分人在移动终端安装的轻量级比特币钱包。理论上来说,要验证一笔交易,钱包需要遍历所有的区块找到与该笔交易相关的所有交易进行逐个验证才是可靠的。但有了SPV就不用这么麻烦了,它不需要同步下载整个区块链的数据,即不用运行全节点,也不需要验证区块和交易就可以验证支付。用户只需要保存所有的区块头就可以了。区块头包含了区块的必要属性,仅80个字节大小,而区块体包含着成百上千笔交易,每笔交易一般有400多个字节大小,如图3-4所示。

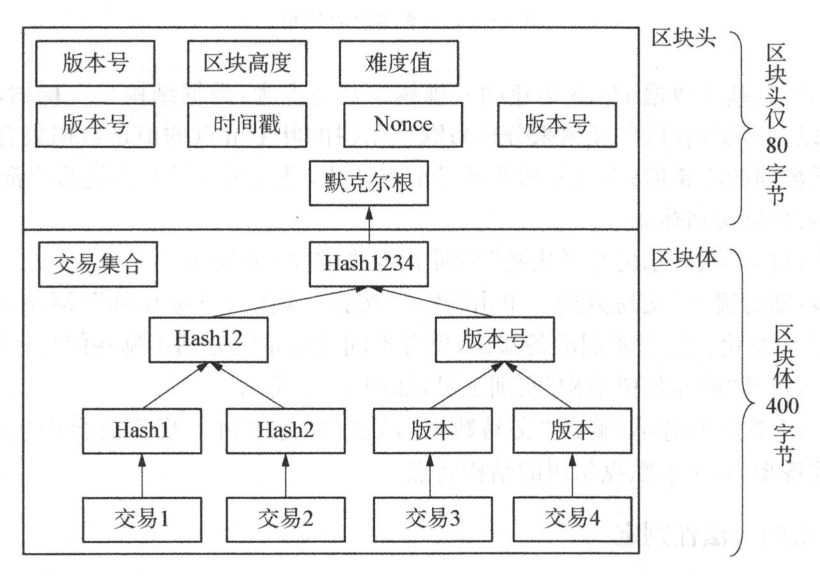

图3-4 区块与默克尔树的关系

2) 默克尔树的结构

区块链中的默克尔树是二叉树,如图3-5所示,用于存储交易信息。每个交易两两配对，构成默克尔树的叶子节点，进而生成整棵默克尔树。默克尔树使得用户可以通过从区块头得到的默克尔树根和别的用户所提供的中间哈希值列表去验证某个交易是否包含在区块中。提供中间哈希值的用户并不需要是可信的，因为伪造区块头的代价很高，而如果伪造中间哈希值的话会导致验证失败。

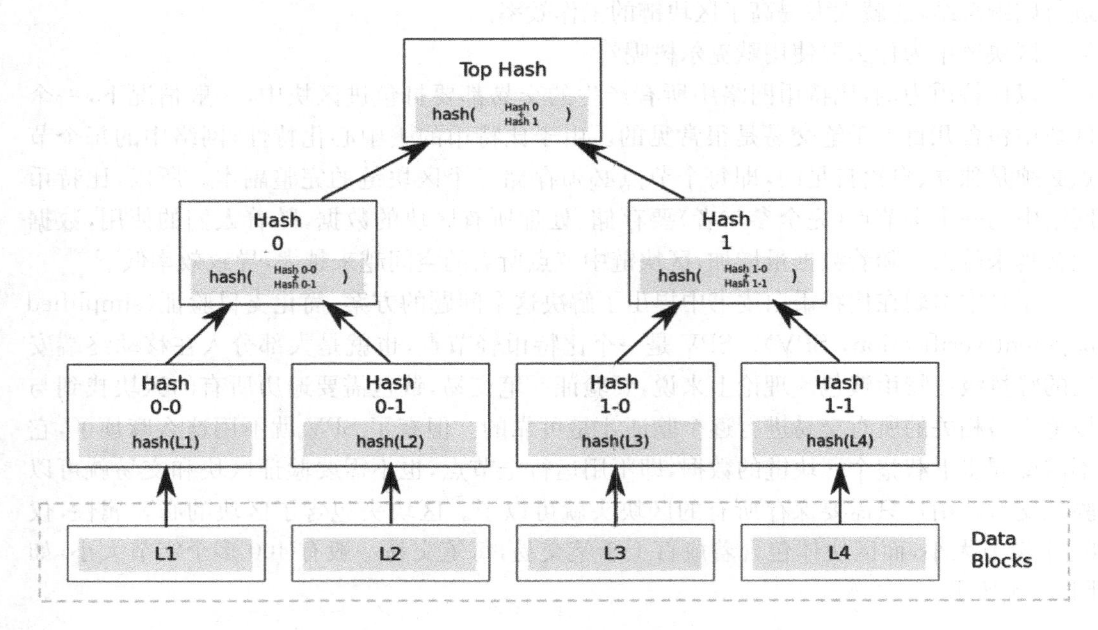

图 3-5 默克尔树的结构

默克尔树是基于数据 Hash 构建的一棵树。其特点为：数据结构是一棵树，可以是二叉树，也可以是多叉树（以二叉树来分析）；默克尔树的叶子节点的值是数据集合的单元数据或者单元数据的哈希值；默克尔树非叶子节点的值，是其所有子节点值的哈希值。

2. 默克尔树实训体验

第一步：打开“默克尔树与区块链”实训工具，如图 3-6 所示。

第二步：随意输入“交易数据”，单击“挖矿”按钮。观察“交易 hash”“Merkle 树 hash”“区块 hash”的变化。结合实训准备知识，思考不同的哈希值分别由哪些信息计算生成。

第三步：打开“默克尔树结构”实训工具，如图 3-7 所示。

第四步：多次随意输入/修改“交易数据”，观察默克尔树上哈希值会产生哪些变化。结合实训准备知识，了解默克尔树的结构特点。

3.2.3 区块的合法性判定

每一个区块上都写满了交易记录，区块按顺序相连形成链状结构，也就是区块链大账本。只有在最长区块链上挖出的区块才是合法的区块。

以比特币为例：节点永远认为最长链是正确的区块链，并将持续在它上面延长。所有矿工都在最长链上挖矿，这有利于区块链账本的唯一性。如果给你转账的比特币交易未

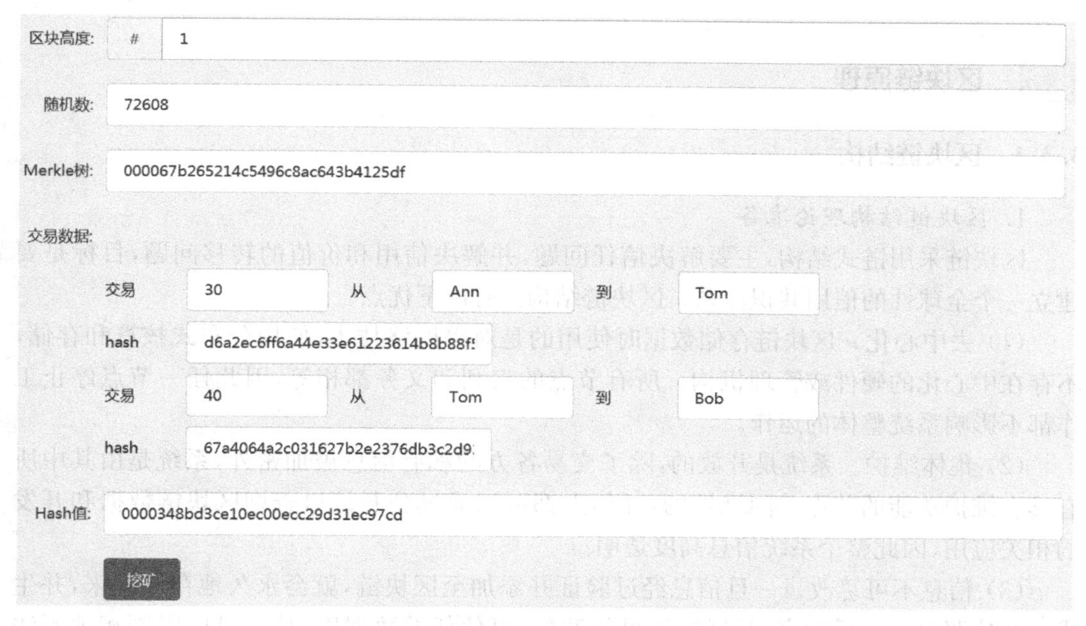

图 3－6　默克尔树与区块链实训工具

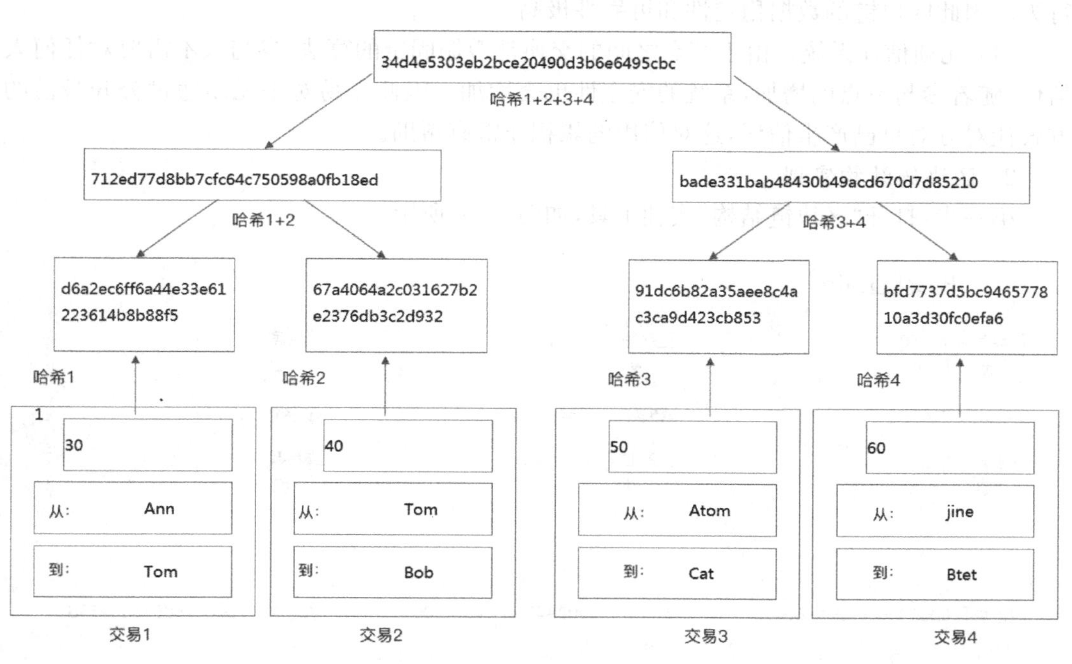

图 3－7　默克尔树的实训工具

记录在最长链上，你将有可能面临财产损失。

怎样算是最长的区块链呢？因为全世界的矿工同时在挖矿，有可能同时有 2 个矿工算出了正确的答案，那么区块链就会形成分叉，剩下的矿工有可能在其中任意一条分叉上继续挖矿，延长区块链。所以，通常要求在比特币转账被打包之后，还需要经历 6 个区块的确认，确保矿工不会再回到另一条分叉上挖矿时，才算真正的转账成功。

3.3 区块链原理

3.3.1 区块链结构

1. 区块链结构理论准备

区块链采用链式结构，主要解决信任问题，并解决信用和价值的转移问题，目标是要建立一个全球性的信用共识体系。区块链结构具有以下优点。

（1）去中心化。区块链存储数据时使用的是对等网络技术，使用分布式核算和存储，不存在中心化的硬件或管理机构。所有节点的权利和义务都相等，因此任一节点停止工作都不影响系统整体的运作。

（2）集体维护。系统是开放的，除了交易各方的私有信息被加密外，系统是由其中所有具有维护功能的节点共同维护的，任何人都可以通过公开接口查询区块链数据和开发的相关应用，因此整个系统信息高度透明。

（3）信息不可篡改。一旦信息经过验证并添加至区块链，就会永久地存储起来，并生成一套按照时间先后顺序记录的、不可篡改的、可信任的数据库，从而可以限制相关不法行为。因此区块链的数据稳定性和可靠性极高。

（4）无须信任系统。由于节点之间的交换都遵循固定的算法，参与人不需要对任何人信任，随着参与节点的增加，系统的安全性也会增加。因此交易对手无须通过公开身份的方式让对方对自己产生信任，这对信用的累积非常有帮助。

2. 区块链结构实训

第一步：打开“区块链结构”实训工具，如图 3-8 所示。

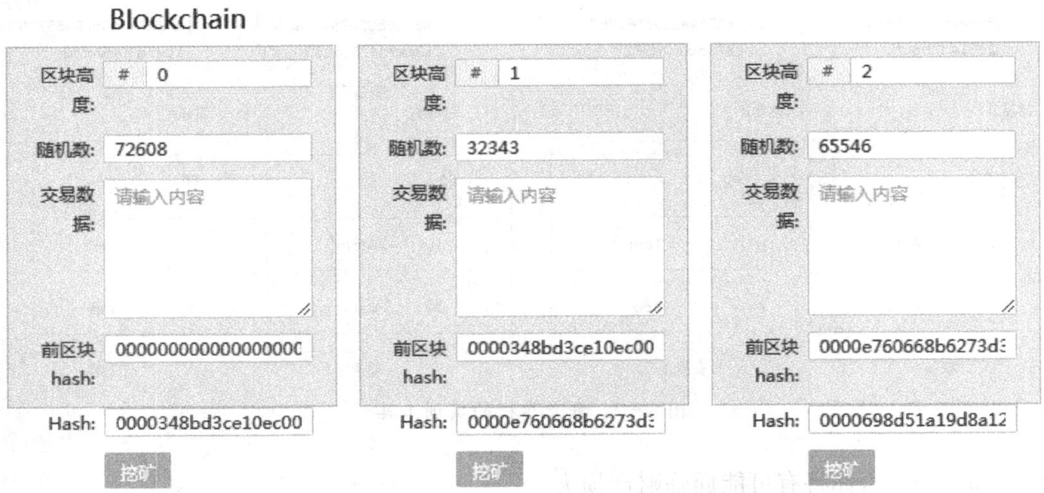

Blockchain

区块高度: # 0
随机数: 72608
交易数据: 请输入内容
前区块hash: 000000000000000000
Hash: 0000348bd3ce10ec00
挖矿

区块高度: # 1
随机数: 32343
交易数据: 请输入内容
前区块hash: 0000348bd3ce10ec00
Hash: 0000e760668b6273d3
挖矿

区块高度: # 2
随机数: 65546
交易数据: 请输入内容
前区块hash: 0000e760668b6273d3
Hash: 0000698d51a19d8a12
挖矿

图 3-8 区块链实训工具

第二步：观察 3 个区块如何链接成区块链。观察“前区块 Hash”与“本区块 Hash”的区别与关系；理解通过“前区块 Hash”的串接，众多区块组成了区块链；理解两个哈希值由哪些信息计算生成。

3.3.2　分布式记账技术

1. 分布式记账理论准备

分布式记账指的是在不同地方的个体一起进行记账。如何才能实现分布式记账呢？

以比特币为例。比特币使用分布式账本，如果每个个体都记账，各有各的账本，那账本该以哪个为准呢？在比特币网络中，记账又好又快的那个个体就承担起这样的重任，它把全网10分钟内交易产生的全部数据打包成块，并把这个块同步发送给其他个体，其他个体确认核对信息无误后，会把这个区块的内容记录在自己的账本上，接着这些个体就会争夺下一个10分钟的记账权。

在比特币系统中，第一个把数据打包成块的个体会获得系统送的丰厚奖励。在2013年以前，打包成功一次就会获得50个比特币；2013—2016年，奖励是25个比特币，每4年递减一半；2017—2020年，奖励为12.5个比特币。在比特币系统中，作恶成本非常高，耗费个人很大的精力去做极少部分人认可的事是非常不划算的，作恶的同时也就失去了争夺记账权的机会。

比特币系统中不停记账的过程也是传递价值信息的过程。比特币系统通过数学原理创造性地解决了交易中的所有权确认问题，确保了每笔交易都是可信的。比特币系统用代码代替了传统的第三方担保，实现了交易过程中用户间的信任问题，保证了每一笔交易即使不知道对方是谁，也可以正常进行。

2. 分布式记账实训

第一步：打开“分布式记账”实训工具，如图3-9所示。

第二步：修改区块链任意3个节点中的一个交易数据，观察其他2个节点数据的变化情况。结合实训准备的知识，思考：修改区块链中某个节点的数据，为什么其他节点的数据不变？如果其他节点的数据也要修改，要怎样做？这样做是否有意义？

节点A

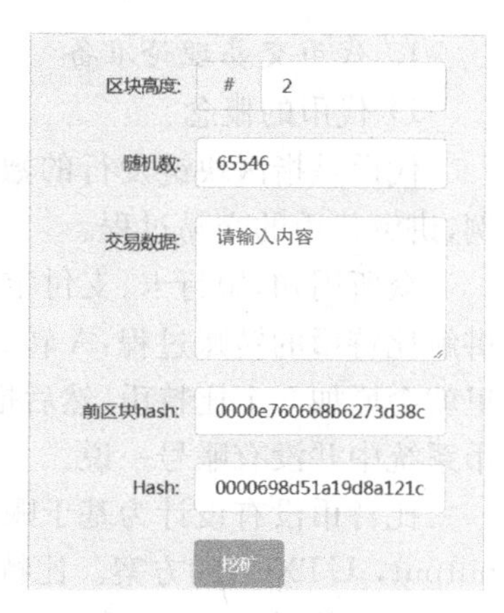

节点B

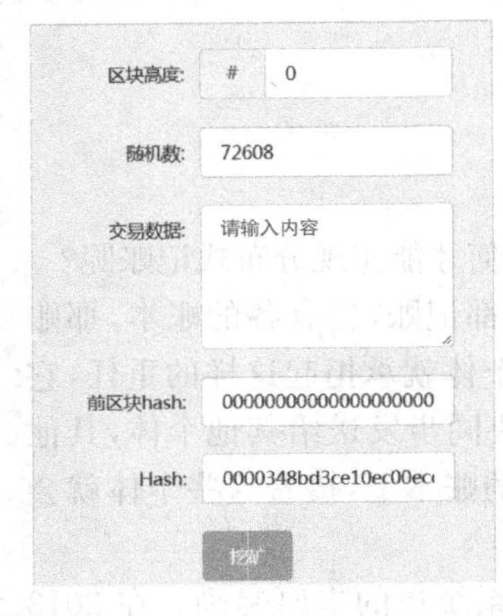

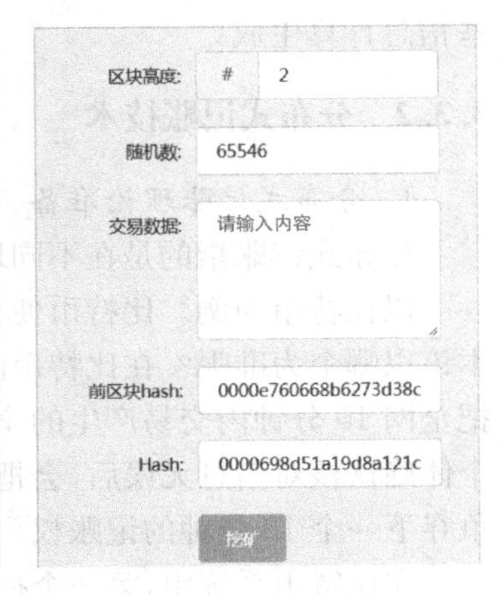

节点C

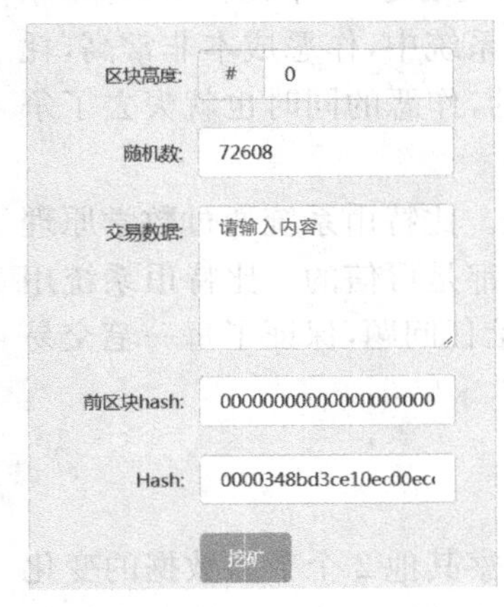

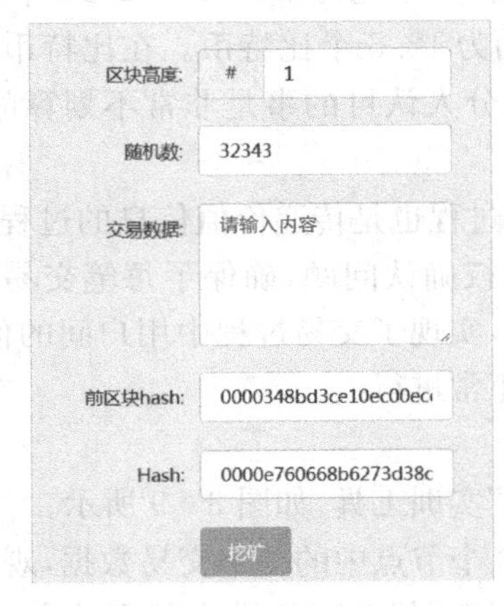

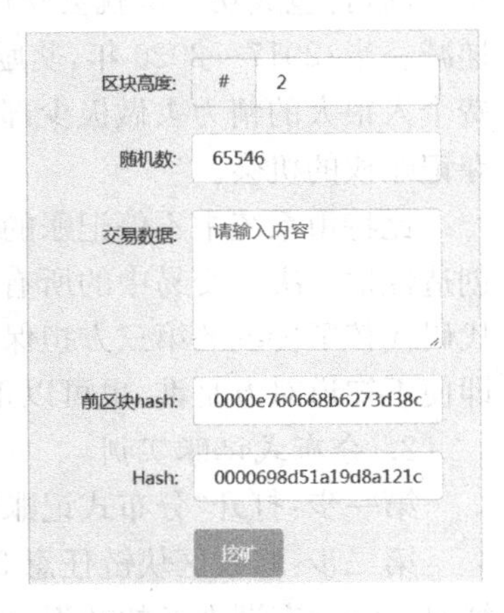

图 3－9　分布式记账实训工具

3.3.3　代币交易

1. 代币交易理论准备

1）代币的概念

代币是指区块链发行的数字货币，而比特币是其中较知名的代币，本节以比特币为例，讲解代币的交易过程。

众所周知，银行卡、支付宝都是基于账号的设计，账号有其对应的余额。也有人这么讲解比特币的转账过程：A 转给 B 5 个比特币，A 账号里就会减少 5 个比特币，同时 B 账号里就会增加 5 个比特币，然后把这笔交易计入区块链。事实上这只是表面现象，因为比特币系统中并没有账号一说。

比特币没有设计为基于账户的系统，而是设计了未花费交易输出（unspent transaction output，UTXO）的方案。比特币区块链记录的并不是一个个账号，也不是一个个比特币，而是由交易输入和交易输出组成的一笔笔交易。比特币系统中并没有比特币，只有

UTXO。你可以理解为UTXO就是比特币。

每笔交易都有若干笔输入，也就是资金来源，也都有若干笔输出，也就是资金去向。一般来说，每一笔交易都要花费至少一笔输入，产生至少一笔输出，而其所产生的输出，就是“未花费过的交易输出”，也就是UTXO。每一次的交易输入都可以追溯到之前的UTXO，直至最初的挖矿所得。由挖矿所得创建的比特币交易，是每个区块中的首个交易，又称之为铸币(coinbase)交易，它由矿工创建，没有上一笔交易输出。

UTXO本质上就是用比特币拥有者的公钥哈希锁定一个数字(比特币数量)，具体就是一个数字加一个锁定脚本。所有的UTXO都被存在数据库中，花费比特币其实是花费属于你的UTXO，并生成新的UTXO，用接受者的公钥哈希进行锁定。锁定脚本中只有公钥哈希是可变的，其他操作符都是固定的。在锁定脚本中公钥哈希是谁的，谁就是这个UTXO的拥有者，也就能花费这笔UTXO。

2）代币交易举例

第一，假如A分两次转给B 2个和3个比特币，此时B表面上就拥有了5个比特币，实质上是有2个UTXO，其中一个有2个比特币，另一个有3个比特币。

第二，B如果需要向C转4个比特币，此时的交易就会产生2笔输入，即分别是有2个和3个比特币的UTXO，这两个UTXO都是用B的地址锁定的。由于只需要向C转4个比特币，那么还会剩余1个(先不考虑手续费)，那这个会存放在哪里呢？是不是某个UTXO里面会留一个？

第三，比特币的设计机制是指只要某个UTXO被消耗掉，就会从数据库中被永久删除，也就是说B的这两个UTXO都会被彻底删除。这时需要一个找零地址，将剩余的比特币用找零地址对应的公钥哈希生成一个新的UTXO。

第四，具体就是4个比特币用C的公钥哈希锁定生成一个新的UTXO，剩余的比特币用找零地址对应的公钥哈希再生成一个新的UTXO，这个找零地址可以是B现在的地址，也可以是一个新的地址。

2. 代币交易实训

第一步：打开“代币交易”实训工具。如图3-10所示。

第二步：结合实训准备知识，观察区块1中铸币交易的特点。

第三步：结合实训准备知识，观察在区块2、区块3中，交易数据中代币的转移过程和特点。

3.3.4 时间戳

1. 时间戳理论准备

1）时间戳的概念

时间戳是指格林尼治时间1970年01月01日00时00分00秒(北京时间1970年01月01日08时00分00秒)起至现在的总秒数。通俗地讲，时间戳是一份能够表示一份数据在一个特定时间点已经存在的完整的可验证的数据。它的提出主要是为用户提供一份电子证据，以证明用户某些数据的产生时间。它可以在电子商务、金融活动各个方面中进行应用，尤其可以用来支撑公开密钥基础设施的“不可否认”服务。

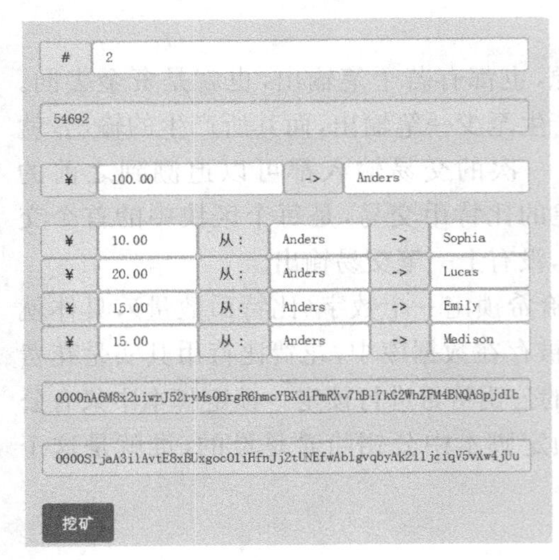

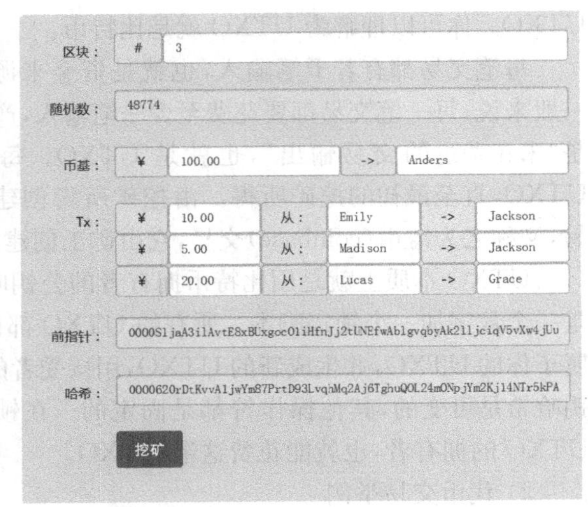

图 3-10 代币交易实训工具

2）时间戳生成方式

在全球信息化的大趋势下，以计算机及其网络为依托的电子数据，在证明案件事实的过程中起着越来越重要的作用。电子数据具有脆弱性、易变性、隐蔽性、载体多样性等特点，容易被复制、删除、篡改且难以被发现。因此，电子数据在实际的司法认定过程中，很难准确鉴定其生成的时间，以及内容的真实性、完整性。而可信时间戳已成为确立电子数据法律效力的重要技术之一。

可信时间戳的生成需要 4 个步骤来完成。第一步，提取用户电子数据摘要（哈希值）；第二步，用户提出时间戳请求，哈希值被传递给时间戳服务器；第三步，时间戳服务器采用权威时间源，由国家授时中心负责授时和守时；第四步，由可信第三方时间戳服务机构对电子数据摘要和权威时间记录进行数字签名，从而生成时间戳。

3）时间戳的分类

自建时间戳：此类时间戳是通过时间接收设备（如 GPS，CDMA，北斗卫星）来获取时间到时间戳服务器上，并通过时间戳服务器签发时间戳证书。这种时间戳可在企业内部用作责任认定，在法庭认证时并不具备法律效力。因其在通过时间接收设备接收时间时存在被篡改的可能，故此不能作为法律依据。

具有法律效力的时间戳：它是由我国中科院国家授时中心与北京联合信任技术服务有限公司负责建设的我国第三方可信时间戳认证服务，并由国家授时中心负责时间的授时与守时监测。因其守时监测功能而保障时间戳证书中的时间的准确性和不被篡改。可获取时间戳的平台有“大众版权保护平台”，其可与我国中科院国家授时中心时间同步。

2. 时间戳实训

第一步：打开“时间戳”实训工具，如图 3-11 所示。

第二步：单击“时间戳”，进入外部工具，查看生成的具有法律效力的时间戳数字文本（见图 3-12）。结合时间戳生成步骤，掌握时间戳生成方法。

演练

声明：本工具是连接外部的工具，在这里只是作为引用，点击下方时间戳按钮，跳转到外部工具练习。

时间戳

图 3－11　时间戳工具

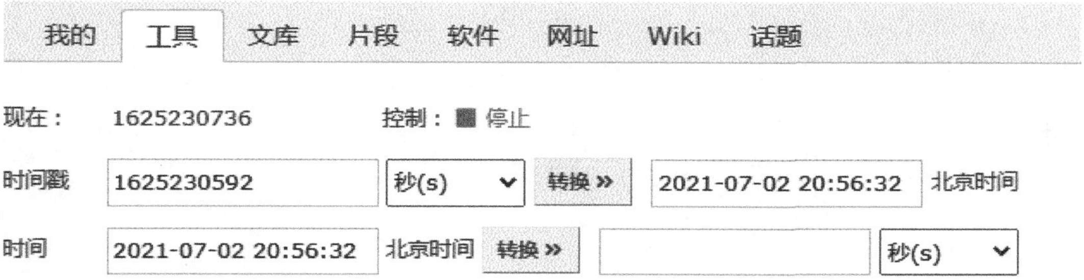

我的　工具　文库　片段　软件　网址　Wiki　话题

现在：　1625230736　　控制：■ 停止

时间戳　1625230592　秒(s)　转换 »　2021-07-02 20:56:32　北京时间

时间　2021-07-02 20:56:32　北京时间　转换 »　　秒(s)

图 3－12　在线生成时间戳

3.3.5　点对点(P2P)传输机制

1. P2P 传输机制理论准备

1) P2P 传输机制

P2P 网络不同于传统的客户端/服务端(client/server，C/S)结构，P2P 网络中的每个节点都可以既是客户端也是服务端，因此也不适合使用 HTTP 协议进行节点之间的通信，一般都是直接使用 Socket 进行网络编程。

在 C/S 模式中，数据的分发采用专门的服务器，多个客户端都从此服务器获取数据。这种模式的优点如下：数据的一致性容易控制，系统也容易管理。此种模式的缺点是，因为服务器的个数只有一个(即便有多个也非常有限)，系统容易出现单一失效点；单一服务器面对众多的客户端，由于 CPU 能力、内存大小、网络带宽的限制，可同时服务的客户端非常有限，可扩展性差。P2P 技术正是为了解决这些问题而提出来的一种对等网络结构。在 P2P 网络中，每个节点既可以从其他节点得到服务，也可以向其他节点提供服务。这样，庞大的终端资源被利用起来，一举解决了 C/S 模式中的两个弊端。

2) P2P 传输机制优点

容错力：中心化系统一旦中心出现问题，其他节点就容易全线崩溃。去中心化的系统不太可能出现意外，因为它是依赖其他节点，而其他节点不可能一起出问题。

抗攻击力：去中心化的系统会让攻击成本更高，因为它缺少敏感的中心点，而中心化的系统则更容易被低成本攻击，攻击中心点就可能使系统完全崩溃，这也是越来越多投资者希望去中心化技术变得更加成熟的原因。

防勾结串通：去中心化系统中的参与者很难以牺牲其他参与者为代价而使自己获利。数字资产交易所经常出现平台与庄家勾结割“韭菜”，如果是去中心化的交易所，这种可能性就大大降低了。事实上去中心化的交易所更加民主，用户会更加倾向于选择去中心化的交易所。

2. P2P传输机制实训

第一步：打开“P2P传输机制”实训工具，如图3-13所示。

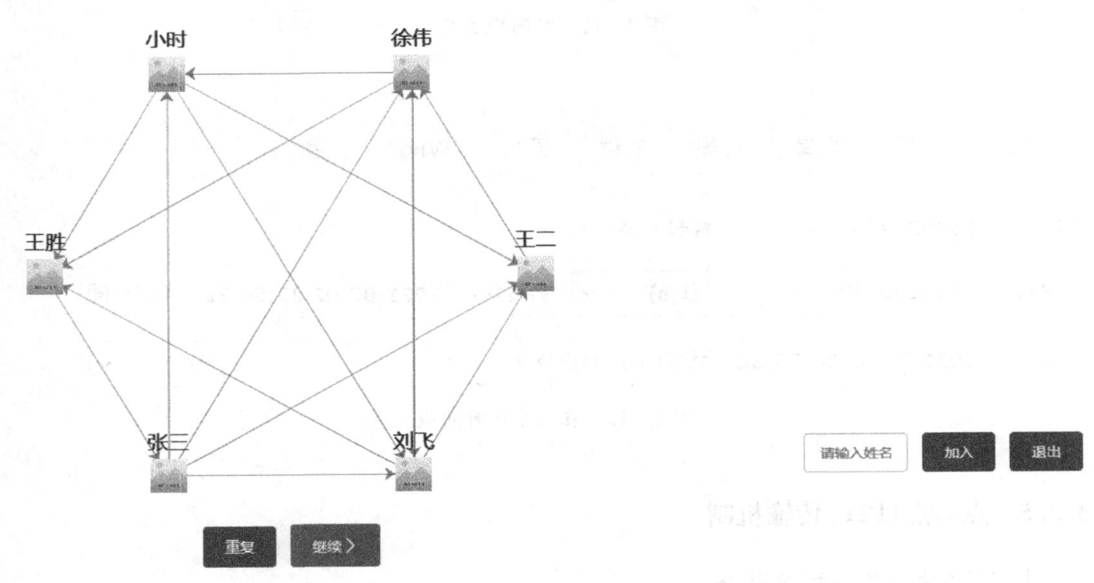

图3-13 P2P传输机制实训工具

第二步：观察P2P网络中，不同人（点）之间信息传递的特点。思考：区块链采用P2P传输机制的原因。

第三步：增加新的人（点）进入P2P网络，再次观察P2P的信息传输变化。思考分布式、去中心化、P2P三者的异同点。

3.3.6 共识机制

1. 共识机制理论准备

在区块链系统中，没有像银行一样的中心化记账机构可保证每一笔交易在所有记账节点上的一致性，即让全网达成共识至关重要。共识机制解决的就是这个问题。目前主要的共识机制有工作量证明机制（POW）和权益证明机制（POS）。POW通过评估你的工作量来决定你获得记账权的概率，工作量越大，就越有可能获得此次记账机会。POS通过评估你持有代币的数量和时长来决定你获得记账权的概率。这就类似于股票的分红制度，持有股权相对多的人能够获得更多的分红。DPOS（股份授权证明机制）与POS原理相似，只是选了一些“代表”。DPOS与POS的主要区别是并非全网共识。

1）工作量证明机制

工作量证明机制（proof of work，POW），是共识机制中的一种，可以简单地理解成一份证明，就是证明你做过一定量的工作，而且可以通过查看工作结果知道你具体完成了多少指定的工作。比特币挖矿就是采用的工作量证明机制。比特币网络是通过调节计算难度来保证每一次的竞争记账都是需要全网的矿工计算大约10分钟，才能够得到一个满足条件的结果。而这个结果就是“区块头”里面所包含的随机数。而工作量证明就是，如果矿工已经找到一个满足条件的结果，就可以认为是全网的矿工完成了指定的难度系数的工作量。而获得记账权的概率取决于矿工们的工作量在全网的占比，如果占比是30%，那么所获得的记账权概率也就是30%，所以，只有提高工作量才能够获得竞争力，这样才能够获得更多新诞生的比特币。

2）权益证明机制

权益证明机制（proof of stake，POS）也称股权证明机制，类似于把资产存在银行里，银行会通过你持有数字资产的数量和时间给你分配相应的收益。同理，采用POS的数字资产，系统根据你的币龄给你分配相应的权益，币龄是你持币数量和时间的乘积。比如你持有100个币，总共持有了30天，那么，此时你的币龄就为3000。相较POW（工作量证明机制）POS存在两个优势：第一，POS不会造成过多的电力浪费，因为POS不需要靠比拼算力挖矿；第二，POS不易受到攻击，因为拥有51%币才能发起攻击，网络受到攻击却会造成自已利益受损，显然很不划算。目前有很多数字资产用POW发行新币，用POS维护区块链网络安全。

3）股份授权证明机制

股份授权证明机制（delegated proof of stake，DPOS），类似于董事会投票，持币者投出一定数量的节点，代理他们进行验证和记账。为了激励更多人参与竞选，系统会生成少量代币作为奖励。比特股、点点币等数字资产都采用该方式。DPOS有点像议会制度或人民代表大会制度。如果代表不能履行他们的职责，比如轮到他们记账时，他们没能完成则会被除名，网络会选出新的节点来取代他们。DPOS的每个客户端都有能力决定哪些节点可以被信任。相较POW，DPOS大幅提高了区块链处理数据的能力，甚至可以实现秒到账，同时也大幅降低维护区块链网络安全的费用，从而使数字资产的交易接近VISA等中心化结算系统。

4）实用拜占庭容错机制

实用拜占庭容错（practical byzantine fault tolerance，PBFT）共识机制是少数服从多数，根据信息在分布式网络中节点间相互交换后各节点列出所有得到的信息，一个节点代表一票。选择大多数的结果作为解决办法。PBFT将容错量控制在全部节点数的1/3，即如只要有超过2/3的正常节点，整个系统便可正常运作。

2. 共识机制实训

1）POS实训

第一步：多次随意修改4个节点的权益比例，如图3-14所示。

第二步：单击“记账”按钮。

第三步：分别记录获得记账的节点是哪个，解释记账结果。

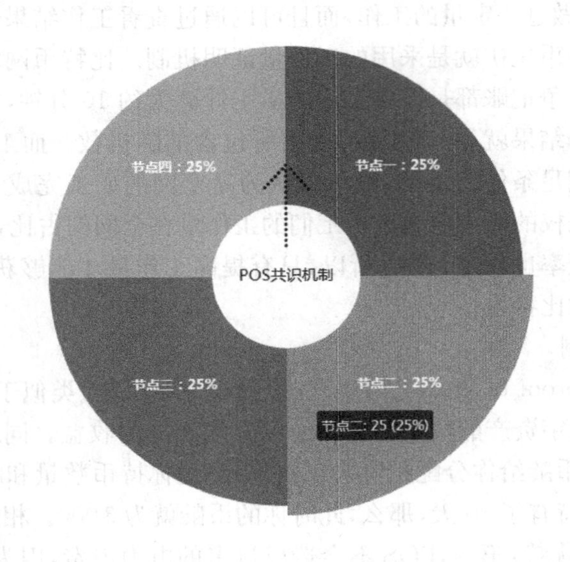

图 3－14 POS 实训工具

2）DPOS 实训体验

第一步：多次为 4 个节点投票，如图 3－15 所示。

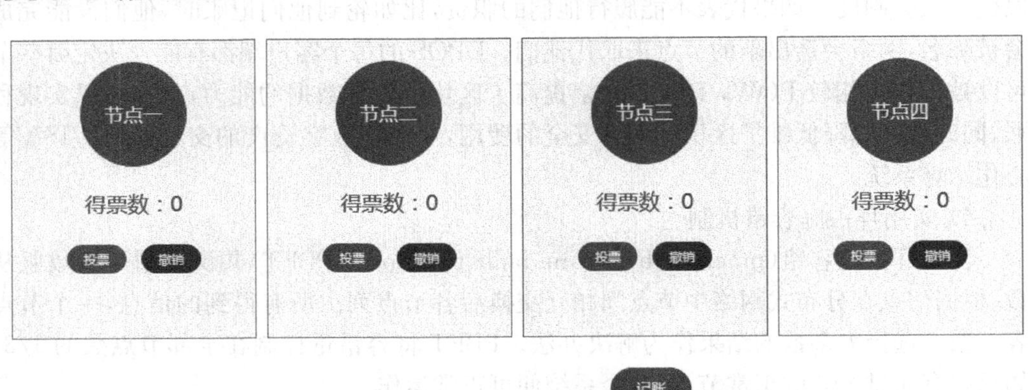

图 3－15 DPOS 实训工具

第二步：单击“记账”。

第三步：记录多次获得记账权的节点的情况，解释原因。

3.3.7 UTXO:基于交易的记帐方式

1. UTXO理论准备

1) UTXO概述

UTXO起源于比特币的概念,即未花费的交易输出。“输出”可以理解为将资金移至新的账户,与“输出”对应的概念是“输入”,“输入”是指资金的来源,通常是前一笔交易的“输出”。采用UTXO记账,一笔交易的输出就是另一笔交易的输入,转账是将资金从输入移至输出。

UTXO是一种全新的记账方式,它基于交易,与基于余额的现行记账方式有本质区别。例如,银行、信用卡、证券交易系统、互联网第三方支付系统的核心都是基于账户设计的,并由关系数据库支撑。数据库要确保两点,一是确保业务规则得到遵守,账户的余额充足;二是确保事务是正确可靠的,也就是需要具备原子性、一致性、隔离性、持久性等4个特性。虽然这种基于账户的设计简单直观,但UTXO相比于账户余额模型有两个优点:可以更好地保证用户的隐私;UTXO模型是无状态的,更容易并发处理。

2) UTXO交易案例

要理解UTXO,最简单的办法就是把一枚比特币从诞生到在商海中沉浮的经历描述一下。

假设一个这样的场景:张三挖到12.5枚比特币。过了几天,他把其中2.5枚支付给李四。又过了几天,他和李四各出资2.5枚比特币凑成5枚比特币付给王五。如果是基于账户的设计,张、李、王三人在数据库中各有一个账户,则他们三人的账户变化如图3-16所示。

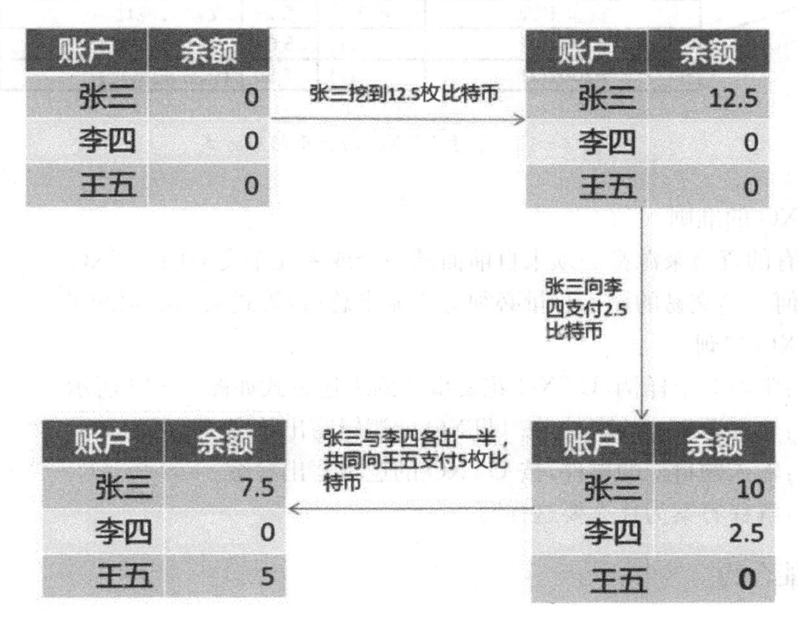

图3-16 基于账户的代币转移方式

上例按UTXO原理的交易方式,如图3-17所示。

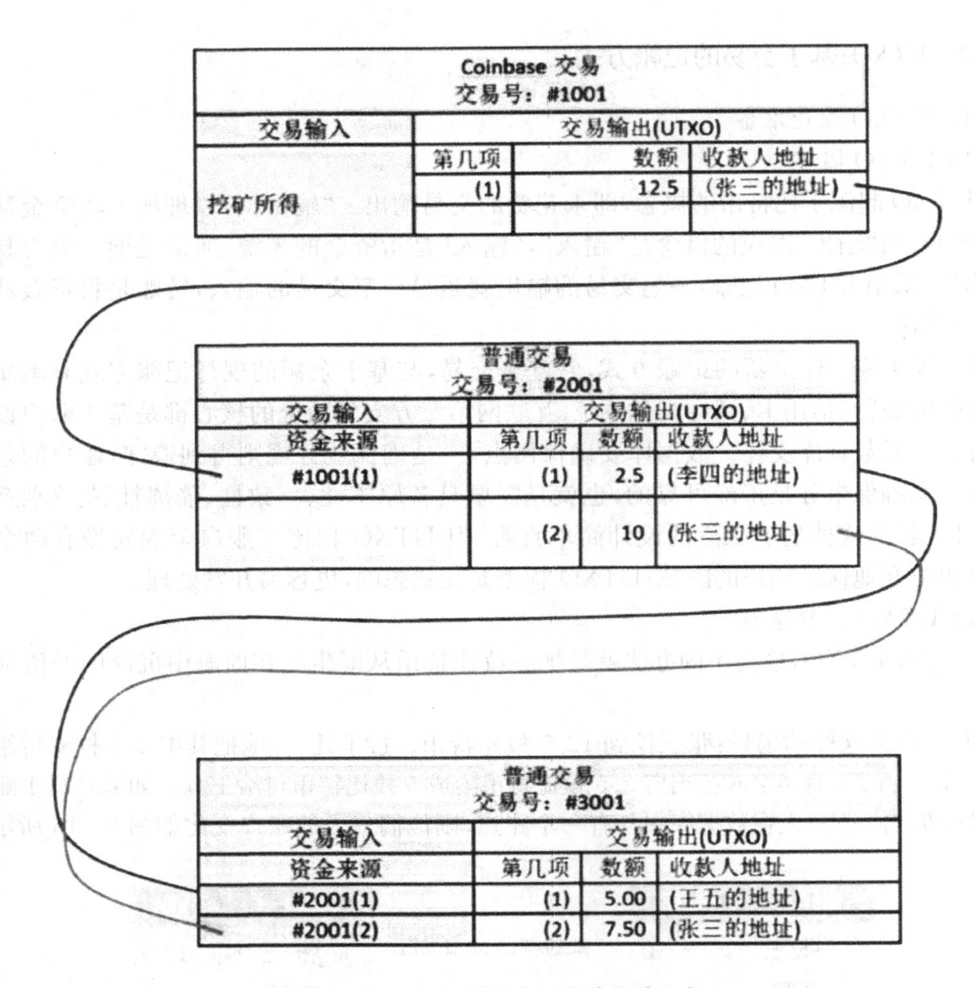

图 3-17　基于 UTXO 的代币转移方式

3）UTXO 的准则

(1) 所有的资金来源都必须来自前面某一个或者几个交易的 UTXO。

(2) 任何一笔交易的输入总量必须等于输出总量，等式两边必须配平。

2. UTXO 实训

第一步：学习 3 个样例，UTXO 花费事件的表述方式如图 3-18 所示。

第二步：输入题目一的事件，按 UTXO 的逻辑写出答案。

第三步：输入题目二的事件，按 UTXO 的逻辑写出答案。

第四步：解释答案为什么要这样写。

3.3.8　智能合约

1. 智能合约理论准备

1）智能合约

一个智能合约是一套以数字形式定义的承诺，同时合约参与方可以在上面执行这些

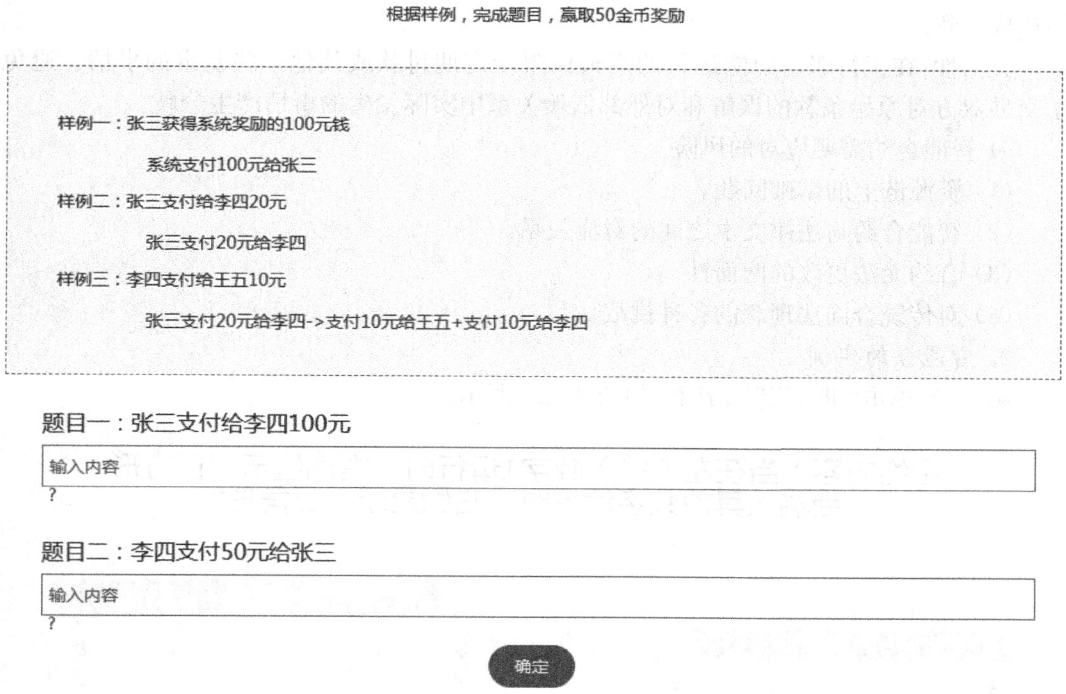

根据样例，完成题目，赢取50金币奖励

样例一：张三获得系统奖励的100元钱

系统支付100元给张三

样例二：张三支付给李四20元

张三支付20元给李四

样例三：李四支付给王五10元

张三支付20元给李四->支付10元给王五+支付10元给李四

题目一：张三支付给李四100元

输入内容

?

题目二：李四支付50元给张三

输入内容

?

确定

图3-18 UTXO交易实训工具

承诺协议。

2）智能合约模型

一段代码(智能合约)被部署在可分享、复制的账本上，它可以维持自己的状态，控制自己的资产和对接收到的外界信息或者资产进行回应。它自己就是一个系统参与者，可对接收到的信息进行回应，它可以接收和储存价值，也可以向外发送信息和价值。这个程序就像一个可以被信任的人，负责临时保管资产，总是按照事先订立的规则执行操作。智能合约模型：运行在可复制、共享的账本上的计算机程序，可以处理信息，接收、储存和发送价值。

3）智能合约的工作原理

智能合约由区块链内的多个用户共同参与制定，可用于用户之间的任何交易行为。协议中明确了双方的权利和义务，开发人员将这些权利和义务以电子化的方式进行编程，代码中包含会触发合约自动执行的条件。一旦编码完成，这份智能合约就被上传到区块链网络上。智能合约会定期检查是否存在相关事件和触发条件；满足条件的事件将会被推送到待验证的队列中。区块链上的验证节点先对该事件进行签名验证，以确保其有效性；等大多数验证节点对该事件达成共识后，智能合约将成功执行，并通知用户。

成功执行的合约将被移出区块，而未执行的合约则继续等待下一轮处理，直至被成功执行。

4）智能合约的优点

透明性：对于区块链生态系统中运行相同代码的所有参与者，每个参与者都参与验证，智能合约的逻辑必须对所有人都可见。让合约的所有利益相关者对合约所产生的时间达成一致。

灵活性:在银行账户中能运行的逻辑仅限于定期付款或其他一些基本的事情。避免了交易双方对原始条款的误解和对外部依赖关系中实际发生的事情产生分歧。

5) 智能合约需要应对的风险

(1) 资源链上的基础问题。

(2) 智能合约与法律文本之间的对应关系。

(3) 合约无法更改的两面性。

(4) 对传统合同法理念的各种挑战。

2. 智能合约实训

第一步:单击“继续”进入界面,如图 3-19 所示。

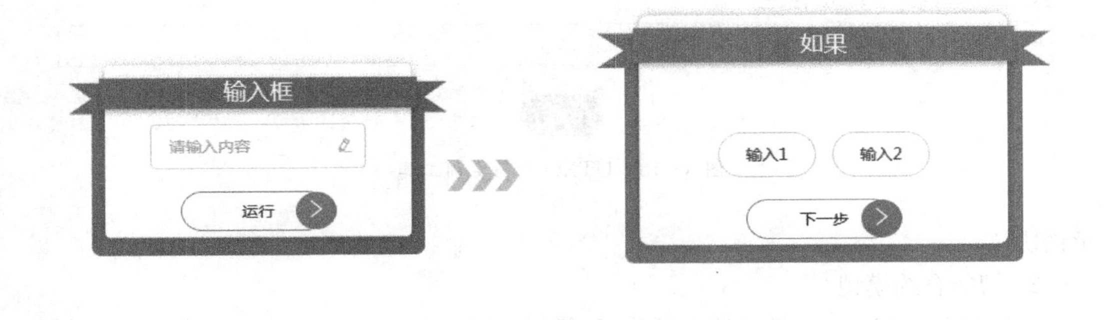

图 3-19 智能合约实训工具

第二步:阅读“合约规则”文字。

第三步:设置合约条件。在左侧条件输入框中输入条件“1”,右侧运行结果中选择“输入 1”。

第四步:设置合约结果。单击“下一步”,选择运行结果“正方形”。

第四步:完成合约设置。单击“继续”按钮,则完成智能合约设置。

第六步:运行合约。在左侧输入“1”,查看合约运行结果。

3.4 密码学基础

3.4.1 密码学知识

1. 密码学认知

密码最初的目的是用于对信息加密,计算机领域的密码技术种类繁多。但随着密码学的运用,密码还被用于身份认证、防止否认等功能。除了信息的加解密,还有用于确认数据完整性的单向散列技术,又称密码检验、指纹、消息摘要。

信息加密分为对称加密和非对称加密,这两者的区别在于是否使用了相同的密钥。

2. 信息的加密

1) 对称加密

对称加密最为常用,且效率高。对称模式可以很好地实现信息的加解密,但有个棘手的问题,在计算机世界里往往加解密需求双方并不在同一地理位置上,仅仅获得密文的一方,没有密钥是无法解密出明文的,如何将密钥顺利安全地传递给对方呢?直接通过网络传输面临着网络窃听的问题,是不安全的。对称加密如图3-20所示。

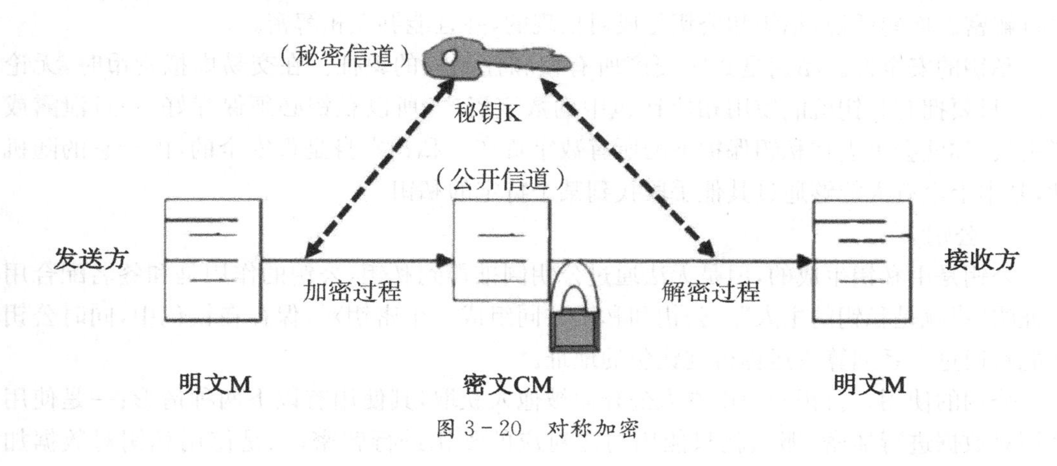

图3-20 对称加密

2) 非对称加密

非对称密码加解密采用的是不同的密钥,公钥和私钥成对,公钥加密的信息只有相应的私钥才可解密。对称加密好比大家都用相同的锁对信息加密,加解密双方都拥有相同的钥匙,钥匙(密钥)丢了,锁(明文信息)就开了。非对称加密,则是向大家派发锁(公钥),大家可以通过锁,对信息加密。锁是公开的,丢了也无所谓。但钥匙(私钥)只有一把,归信息的接收者所有。非对称加密如图3-21所示。

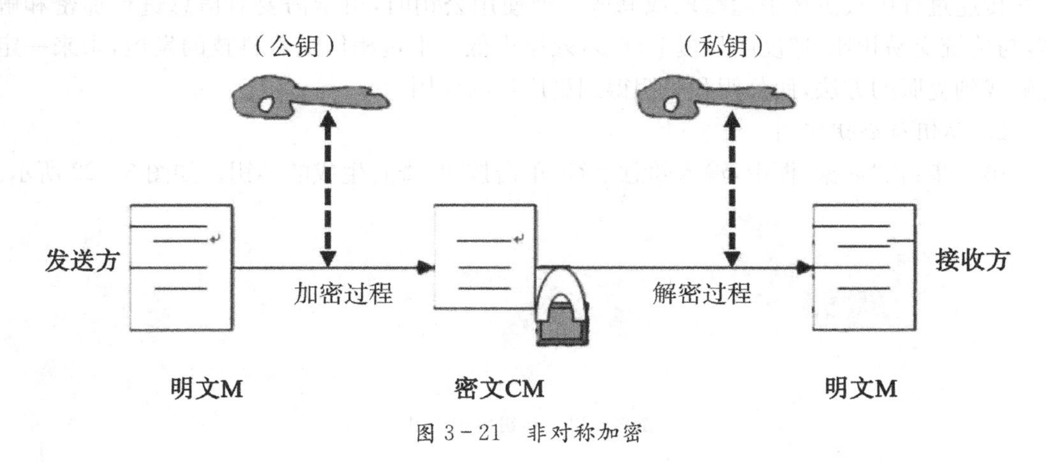

图3-21 非对称加密

3.4.2 私钥与公钥

1. 私钥与公钥实训准备

1）私钥

私钥就像银行卡密码，有了私钥就可以动用对应地址下的数字资产，但银行卡密码是由自己设置的，而私钥是随机生成的一个数值。在使用私钥之前，私钥会生成一个与之对应的公钥。

私钥的使用。一般私钥的使用有以下两种情况：一是使用公钥对数据进行加密，那么只能用生成它的私钥进行解密；二是用私钥对数据进行加密，那么只能用与之对应的公钥进行解密。换句话说，私钥和公钥是成对出现的，并且能够互相解密。

私钥的安全性。私钥是数字资产所有权和控制权的象征。在交易虚拟货币时，无论是谁，只要拥有私钥就能使用相应钱包中的数字资产，所以私钥必须保存好，一旦泄露或者丢失，你就会失去在私钥保护下的所有数字资产。私钥本身是很安全的，由于它的随机性，基本上没有人能够通过其他手段找到某个特定的私钥。

2）公钥

公钥是由私钥生成的，但是无法通过公钥倒推得到私钥，公钥的作用是和签名配合用来证明“我就是私钥的主人”。公钥和私钥共同组成一个密钥对，保存在钱包中，同时公钥又能够通过一系列算法运算得到钱包的地址。

公钥的使用。公钥一般由本人公开而被他人获取，其使用有以下两种情形：一是使用公钥对数据进行加密，那么就只能用与之对应的私钥进行解密；二是使用私钥对数据加密，那么就只能用它生成的公钥进行解密。举个例子：假如我有一个秘密需要告诉小明，但又不想被其他人知道，那么我只需要用小明的公钥对这个秘密进行加密，这样他在收到后，用他的私钥解密就能知道秘密是什么了，如果小刚中途截获了这个秘密，但因为没有小明的私钥，所以不可能解开秘密。

公钥的安全性。与传统的用户名、密码形式相比，使用公钥和私钥交易最大的优点在于提高了数据传递的安全性和完整性，因为两者一一对应的关系，用户基本上不用担心数据在传递过程中被黑客中途截取或修改。但使用公钥时，由于需要对信息进行加密和解密，与传统交易相比，速度明显慢上许多，效率也低。不过相信随着科技的发展，未来一定能够找到克服的方法，使公钥和私钥得到更广泛的应用。

2. 私钥与公钥实训

第一步：在“数据”框中，输入随意字符，单击按钮，查看生成的私钥。如图 3 - 22 所示。

图 3 - 22　私钥实训工具

第二步：先生成私钥，再生成公钥。如图 3-23 所示。

图 3-23 公钥实训工具

3.4.3 非对称加密

1. 非对称加密理论准备

1）非对称加密算法

与对称加密算法不同，非对称加密算法需要两个密钥：公开密钥和私有密钥。公开密钥与私有密钥是一对，如果用公开密钥对数据进行加密，只有用对应的私有密钥才能解密；如果用私有密钥对数据进行加密，那么只有用对应的公开密钥才能解密。因为加密和解密使用的是两个不同的密钥，所以这种算法叫作非对称加密算法。

经典的非对称加密算法有：RSA、ECC、PGP 等。非对称加密的典型应用是数字签名。

2）非对称加密的加密传输过程

(1) 发送方生成一个自己的加密密钥并用接收方的公开密钥对自己的加密密钥进行加密，然后通过公开的网络传输到接收方。

(2) 发送方对需要传输的明文用自己的加密密钥进行加密，然后通过公开的网络把加密后的密文传输到接收方。

(3) 接收方用自己的私有密钥进行解密能够得到发送方的加密密钥。

(4) 接收方用发送方的加密密钥对密文进行解密后得到明文。

2. 非对称加密实训

第一步：任意填入数据。

第二步：随意选择公钥。

第三步：单击“加密”按钮，查看密文，如图 3-24 所示。

第四步：单击“解密”选项。

第五步：选择对应“私钥”。

第六步：单击“解密”按钮，查看原数据，如图 3-25 所示。

3.4.4 数字签名

1. 数字签名理论准备

数字签名技术是公开密钥加密技术和报文分解函数相结合的产物。与加密不同，数

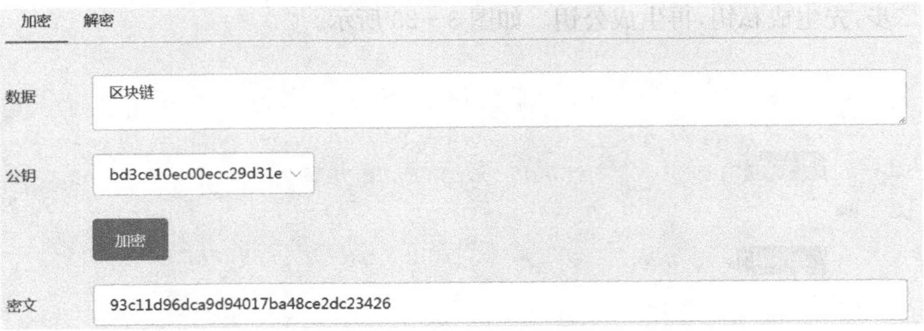

加密
解密
数据
区块链
公钥
bd3ce10ec00ecc29d31e
加密
密文
93c11d96dca9d94017ba48ce2dc23426

图 3-24　非对称加密实训工具——加密

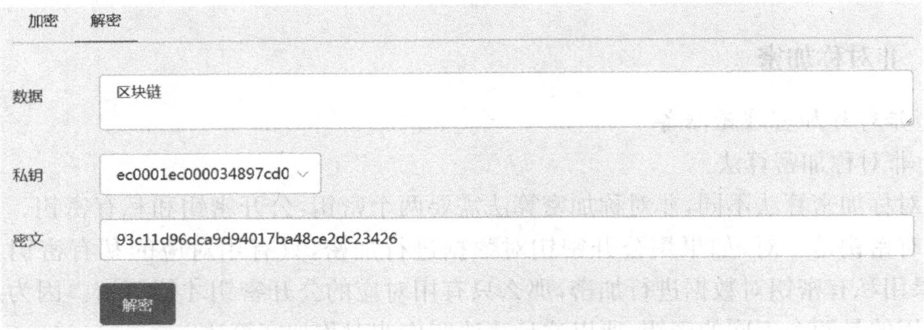

加密
解密
数据
区块链
私钥
ec0001ec000034897cd0
密文
93c11d96dca9d94017ba48ce2dc23426
解密

图 3-25　非对称加密实训工具——解密

字签名的目的是为了保证信息的完整性和真实性。

数字签名必须保证以下三点：①接收者能够核实发送者对消息的签名；②发送者事后不能抵赖对消息的签名；③接收者不能伪造对消息的签名。RAS 数字签名如图 3-26 所示。

签名发送者
签名接收者
原始消息m
SHA-1
H(m)
RSA加密算法
A的私钥
消息 m
摘要
消息 m
摘要
SHA-1
H'(m)
?
RSA解密算法
H(m)
A的公钥

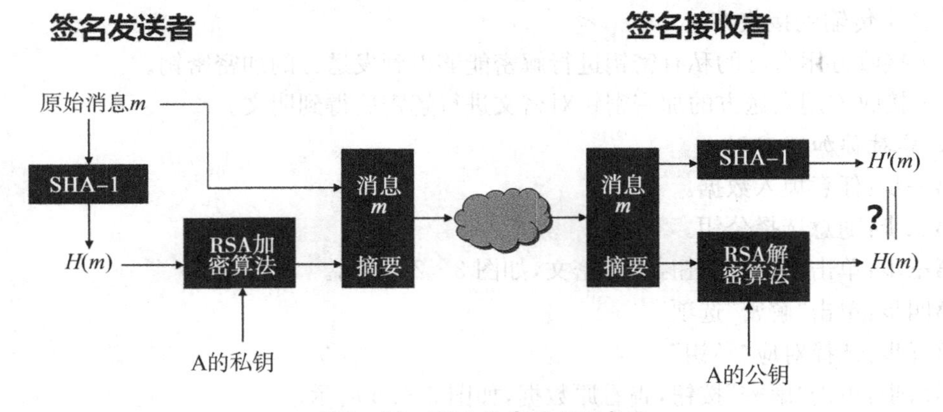

图 3-26　RSA 数字签名示意图

2. 数字签名实训

第一步：填写“数据”。

第二步：选择“私钥”。

第三步：单击“签名”。查看数字签名，如图 3-27 所示。

图 3-27　数字签名实训工具——签名

第四步：单击“校验”选项。

第五步：选择对应“公钥”。

第六步：查看原数据，如图 3-28 所示。

图 3-28　数字签名实训工具——校验

3.4.5　数字摘要

1. 数字摘要理论准备

数字摘要是将任意长度的消息变成固定长度的短消息，它类似于一个自变量是消息的函数，也就是 Hash 函数。数字摘要就是采用单向 Hash 函数将需要加密的明文“摘要”形成一串固定长度(128 位)的密文，这一串密文，又被称为数字指纹，它有固定的长度，而且不同的明文摘要形成密文后，其结果总是不同的，而同样的明文，其摘要必定一致。

2. 数字摘要实训

第一步：输入任意信息。

第二步：单击“摘要加密”按钮。

第三步：选择加密算法。

第四步：生成“数字摘要”信息，并查看，如图 3-29 所示。

摘要数据：请输入内容

数字摘要：请输入内容

摘要加密

图 3－29　数字摘要实训工具

3.4.6　数字证书

1. 数字证书理论准备

1）数字证书

数字证书是一种权威性的电子文档，它提供了一种在互联网上验证身份的方式。其作用类似于司机的驾驶执照或日常生活中的身份证。它是由一个权威机构——CA (certificate authority)证书授权中心发行的，人们在互联网交往中可以用它来识别对方的身份。以数字证书为核心的加密技术可以对网络上传输的信息进行加密和解密、数字签名和签名验证，确保网上传递信息的机密性、完整性，以及交易实体身份的真实性，签名信息的不可否认性。当然在数字证书认证的过程中，CA 证书授权中心作为权威的、公正的、可信赖的第三方，其作用是至关重要的。数字证书也必须具有唯一性和可靠性。

2）数字证书分类

服务器证书：服务器证书被安装于服务器设备上，用来证明服务器的身份和进行通信加密。服务器证书可以用来防止访问到欺诈钓鱼站点。在服务器上安装服务器证书后，客户端浏览器可以与服务器证书建立 SSL 连接，在 SSL 连接上传输的任何数据都会被加密。同时，浏览器会自动验证服务器证书是否有效，验证所访问的站点是否是假冒站点，服务器证书保护的站点多被用来进行密码登录、订单处理、网上银行交易等。全球知名的服务器证书品牌有 GlobalSign，VeriSign，Thawte，GeoTrust 等。

电子邮件证书：电子邮件证书可以用来证明电子邮件发件人的真实性。它并不证明数字证书上面 CN 一项所标识的证书所有者姓名的真实性，它只证明邮件地址的真实性。收到具有有效电子签名的电子邮件，人们除了能相信邮件确实由指定邮箱发出外，还可以确信该邮件从被发出后没有被篡改过。另外，使用接收方的邮件证书，人们还可以向接收方发送加密邮件。该加密邮件可以在非安全网络传输，只有接收方的密钥持有者才可能打开该邮件。

个人证书：个人证书也指客户端证书，主要被用来进行身份验证和电子签名。安全的客户端证书被存储于专用的 usbkey 中。存储于 key 中的证书不能被导出或复制，且 key 在使用时需要输入 key 的保护密码。使用该证书需要在物理上获得其存储介质 usbkey，且需要知道 key 的保护密码，这也被称为双因子认证。这种认证手段是目前在互联网上最安全的身份认证手段之一。key的种类有多种,如指纹识别、第三键确认、语音报读,以及带显示屏的专用usbkey和普通usbkey等。

3)数字证书作用

信息的保密性:交易中的商务信息均有保密的要求。如信用卡的账号和用户名被人知悉,就可能被盗用,订货和付款的信息被竞争对手获悉,就可能丧失商机。因此在电子商务的信息传播中一般均有加密的要求。

交易者身份的确定性:网上交易的双方很可能素昧平生、相隔千里。要使交易成功,首先要能确认对方的身份,因此能方便而可靠地确认对方身份是交易的前提。对于为顾客或用户开展服务的银行、信用卡公司和销售商店,为了做到安全、保密、可靠地开展服务活动,都要进行身份认证的工作。对有关的销售商店来说,他们对顾客所用的信用卡的号码是不知道的,商店只能把信用卡的确认工作完全交给银行来完成。银行和信用卡公司可以采用各种保密与识别方法,确认顾客的身份是否合法,同时还要防止发生拒付款问题,以及确认订货和订货收据信息等。

不可否认性:由于商情的千变万化,交易一旦达成是不能被否认的,否则必然会损害一方的利益。例如订购黄金,订货时金价较低,但收到订单后,金价上涨了,如收单方可以否认收到订单的实际时间,甚至否认收到订单的事实,则订货方就会蒙受损失。因此电子交易通信过程的各个环节都必须是不可否认的。

不可修改性:交易的文件是不可被修改的,如上例所举的订购黄金。供货单位在收到订单后,发现金价大幅上涨了,如其能改动文件内容,将订购数1吨改为1克,那么订货单位可能就会因此而蒙受损失。因此电子交易文件不可修改,以保障交易的严肃和公正。

2. 数字证书实训

第一步:输入任意信息。

第二步:单击“生成数字证书”按钮,下载证书查看,如图3-30所示。

图3-30 数字证书实训工具(一)

第三步:在线输入“自己姓名”。

第四步:生成个人免费的“数字证书”,如图3-31所示。

输入CSR请求文件

CSR文件 请按需选择粘贴代码或上传文件选项

粘贴代码

哈希签名算法 选择证书哈希签名算法

SHA256

获取免费证书

图 3-31　数字证书实训工具(二)

3.5 区块链六层模型

区块链的架构自下而上分为六层,分别是数据层、网络层、共识层、激励层、合约层和应用层,每一层都有其对应的核心功能,如图 3-32 所示。

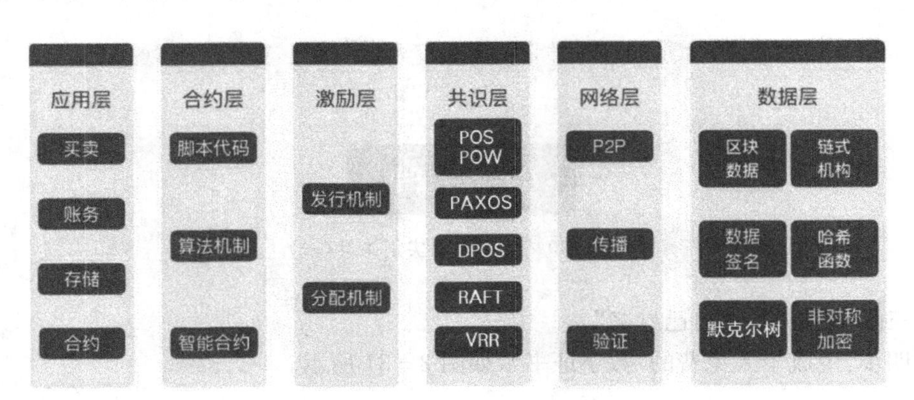

图 3-32　区块链 6 层模型

3.5.1　数据层

区块链是通过区块存储数据的，每个数据节点之间都包含所有数据。数据层主要是解决这些数据以什么形式组合在一起能形成一个有意义的区块的问题。就像现金日记账一样，一页账本每一个账目都由相应的时间、凭证编号、摘要、借贷金额、余额等数据构成一个完整的账目。

每个区块都包括了区块的大小、区块头、区块所包含的交易数量及部分或所有的近期新交易(见表3-1)。在每个区块中，对整个区块链起决定作用的是区块头。数据的生成运用了诸多技术，如时间戳技术可以确保每一个区块按时间先后顺序相连接；非对称加密技术使得数据不能被篡改等。

表3-1　区块字段数据大小表

大　小	字　段	描　述
4字节	区块大小	用字节表示该字段后的区块大小
80字节	区块头	组成区块头的几个字段
1～9(可变整数)	交易计数器	交易的数量
可变的	交易	记录在区块里的交易信息

3.5.2　网络层

数据按序组合好之后，怎么让网络中的其他节点知晓呢？区块链技术没有中心化服务器，依靠用户点对点交换信息，这就需要网络层来实现，其功能是实现区块链网络中节点与节点之间的信息交流，主要包括P2P组网机制、数据传播和验证机制。正是由于区块的P2P特性，数据传输是分散在各个节点之间进行的，部分节点或网络遭到破坏对其他部分影响很小。这一点很好理解，人们熟悉的BT下载也采用了P2P的技术，用户在下载的同时，也在上传内容，即使某个点关闭了软件，只要网络中还有人在下载、上传，也就不影响整个流程。

3.5.3　共识层

区块链中每个节点都可以生成新的区块，并完成记账，但如果所有节点同时都在记账，整个网络不就乱套了吗？共识层的功能是让高度分散的节点在P2P网络中，针对区块数据的有效性达成共识，决定了谁可以将新的区块添加到主链中。目前已经出现了十余种共识机制算法，其中最为知名的有工作量证明机制(POW)、权益证明机制(POS)、股份授权证明机制(DPOS)等。

3.5.4　激励层

激励层的功能主要是提供一些激励措施，鼓励节点参与记账，保证整个网络的安全运行。通过共识机制胜出取得记账权的节点能获得一定的奖励。人们最熟悉的比特币的激励措施主要有两种：一种是新区块产生时系统奖励的比特币；另一种是每笔交易扣除的手续费。当比特币数量达到2100万枚的上限后，激励就全靠交易的手续费了。

3.5.5 合约层

区块链具有可编程的特性，其基础是其合约层封装了各类脚本、算法和智能合约。比特币在脚本中就规定了其交易方式和过程中的种种细节。智能合约是存储在区块链上的一段代码，它们可以被区块链上的交易所触发。触发后，这段代码可以从区块链上读取数据或者向区块链写入数据。这样就可以利用程序算法，替代人去仲裁和执行合约，将节省巨额的信任成本。

3.5.6 应用层

应用层封装了区块链的各种应用场景和案例，比如搭建在以太坊上的各类区块链应用，如管理ETH的"以太坊钱包"工具，就是部署在应用层。

习　题

1. 区块链的分类有哪些？
2. 密码学的主要任务有哪些？
3. 哈希算法的特点有哪些？
4. 分布式记账解决了交易中的什么问题？
5. 什么是挖矿？
6. POW、POS、DPOS的区别是什么？
7. 请列出区块链的六层模型。

第4章

建链与应用演练实训

本章知识点

(1) 节点定义。

(2) 区块链建链步骤。

(3) 区块链技术(非对称加密、UTXO)的应用实践。

本实训模块将带领学生搭建一个自己的区块链,体验链上交易流程,对比分析不同交易场景的优劣势。主要内容包括:建链理论准备、建链实训、去中心化区块链业务体验。

4.1 建链理论准备

4.1.1 节点概述

1. 节点定义

网络节点是指一台计算机或其他设备与一个有独立地址和具有传送或接收数据功能的网络相连。

节点可以是工作站、客户端、网络用户或个人计算机,还可以是服务器、打印机和其他网络连接的设备。每一个工作站、服务器、终端设备、网络设备,即拥有自己唯一网络地址的设备都是网络节点。

整个网络就是由许许多多的网络节点组成的,把许多的网络节点用通信线路连接起来,形成一定的几何关系,这就是计算机网络拓扑。

2. 创建节点目录的步骤

如果要搭建私链,必须获得这条公链的源码或者安装包。先将安装包在目标地址(自己的计算机或者服务器)进行解压,并拿到公链安装包里面的数据文件夹、日志文件夹、配置文件夹、该公链的二进制文件,以及支持 HTTP 和 GRPC 访问的二进制文件,将这些文件复制成两份,分别保存在同级的两个文件夹下。

将同一份解压文件复制成两份,到这里,创建节点目录就算是完成了,即所谓创建节点目录就是把获取到的公链安装包复制成两份，并将复制的文件放在目标地址中。具体操作如图 4－1、图 4－2 所示。

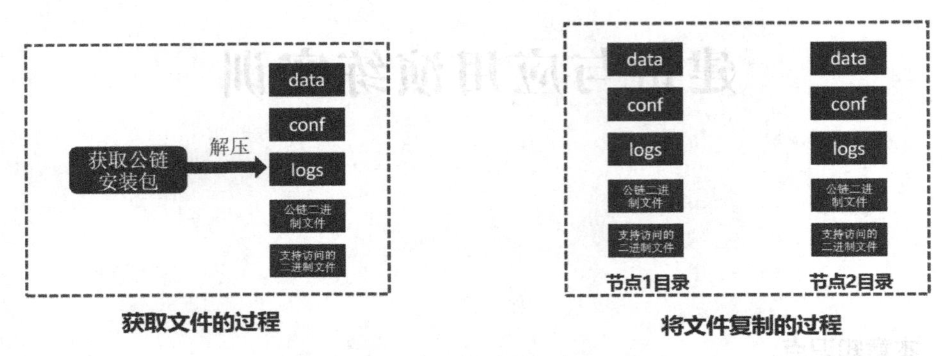

图 4－1　创建节点目录的步骤示意图

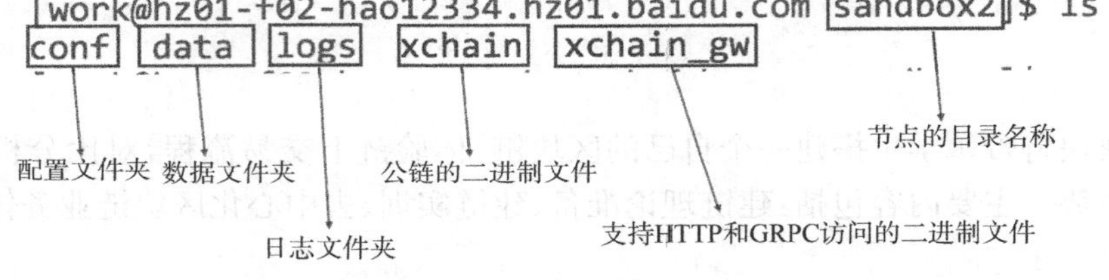

图 4－2　节点创建示意图

3. 节点的分类

1）全节点

全节点也称为完整验证节点，因为它们参与实行验证区块交易事务，并阻止任何不跟随系统共识规则的区块。全节点亦能够将新建交易事务和区块增加到区块链中。通常，全节点会下载所有区块链交易和事务副本块，但这并不是成为全节点的要求，亦可使用简化的区块链副本来代替。

2）超级节点

超级节点基本上可以充当数据库和通信传递的再分发点。一个可靠的超级节点通常能够全天候运行，可建立多个连接，并将所有区块链的更新历史和交易数据传输到世界各地的多个节点。因此，与隐藏式的全节点相比，超级节点运行则需要更高的运算效率和更好的网络连接。

3）采矿节点

采矿者可以选择单枪匹马工作（独自采矿）或团体工作（矿池采矿）。独自采矿者的全节点会使用他们所有的区块链副本进行工作；而团体性采矿者们会一起工作，每个人贡献投入自己的计算能力及资源（哈希运算能力）。在采矿池中，只有管理员级别才需要使用全节点运行工作，亦可认知其为矿池采矿者全节点。

4）简化支付验证(SPV)客户端

SPV 的客户端不会对网络的安全性做出任何贡献，因为它们不会保留任何区块链的副本，也不会参与任何验证过程和区块链交易认证过程。简而言之，SPV 是一种搜索方法，用户可以通过该方法检查区块中是否包含某些交易记录或检查有没有缺少的区块，整个搜索方式无须下载整个区块数据。因此，SPV 客户端亦需要依赖于其他全节点(超级节点)来提供需要的信息。轻量级客户端通常用作通信端点，亦被许多的加密货币数字钱包使用。

4.1.2　节点编号

nodeid 也叫节点编号、节点标识，是标识节点的唯一编号。每个节点都必须有它自己唯一的节点号。生成节点编号的目的在于对上一步创建的节点做出唯一性的标识。生成节点编号命令：./Xchain，创建结果如图 4－3 所示。

```
[lixiang36@st01-rdqa-dev347-lixiang36.epc.baidu.com sandbox1]$ ./xchain

[lixiang36@st01-rdqa-dev347-lixiang36.epc.baidu.com sandbox2]$ ./xchain
```

图 4－3　生成节点命令

4.1.3　节点地址

1. 节点地址组成

区块链地址：用于节点在区块链上进行转账、交易的接收地址。

公钥：用于节点在区块链上进行文件加密和数据传输的保密措施。

私钥：用于节点在区块链上解锁账户、发送数据的解密措施。

2. 节点地址的生成原理(见图 4－4)

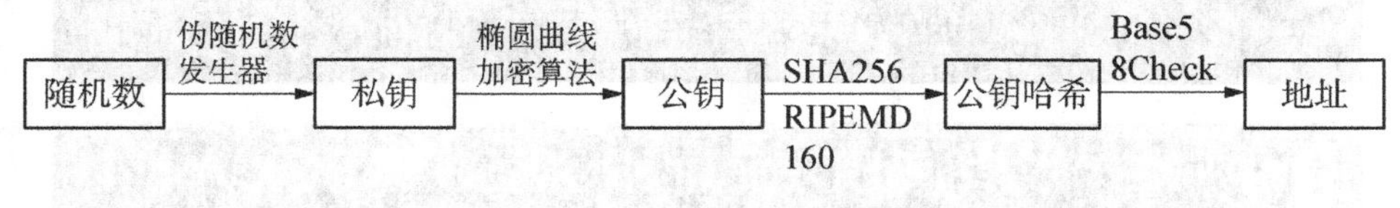

图 4－4　节点地址生成原理

3. 生成节点账号，获取节点地址真实情况

1）生成节点账号实境

由于需要获得节点账号的地址，目的是为了使这两个节点能够相互发现，在各自节点的根目录下执行创建账号的指令：-keys./date/keys，来创建节点账号。执行结果如图 4－5 所示。

创建完成之后，在两个节点的 data/keys 目录里面会出现 3 个文件，执行结果如图 4－6 所示。

图 4-5 执行创建账号指令

图 4-6 节点地址生成示意图

2）生成节点地址实境

执行创建节点账号的指令后，会在 data 数据文件夹中产生一个 key 文件夹，里面保存生成的节点地址和公钥、私钥，执行结果如图 4-7 所示。

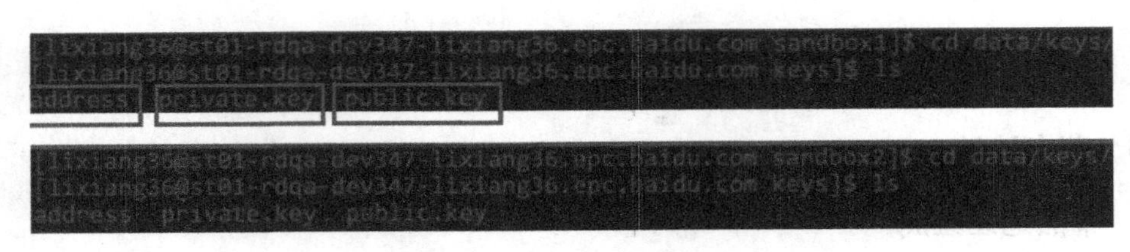

图 4-7 公钥、私钥生成示意图

打开地址文件，也就是 address 文件，分别获取各自的地址，执行结果如图 4-8 所示。

图 4-8 节点地址示意图

4.1.4 节点配置

1. conf 文件配置——主节点配置

假设已经创建了两个节点的目录，生成了节点编号、节点账号，并获取了节点地址。

接下来要将两个节点的配置统一。打开主节点 conf 目录下的节点文件，将节点 1 设置为主节点，执行结果如图 4-9 所示。

节点 1 设置为主节点后，节点 2 就是从节点。打开节点 2 的 conf 文件，设置其为从节点，或者也可以忽略该配置，如图 4-10 所示。

```
miner:
# 是否是主节点
  master: true
# 密钥存储路径
  keypath: ./data/keys

# 数据存储路径
datapath: ./data/blockchain
```

图 4-9　主节点配置示意图

```
# 区块链节点配置
p2p:
  # RPC 客户端访问超时时间
  timeout: 1
  # 全网的第一个种子节点配置成true，其他节点都可以忽略该配置
  isSeed: false
  nat: none
  maxBroadNum: 4
  maxDeadCnt: 4
  # 种子节点可以忽略改配置，种子节点起来后其他节点 xchain --host=##### --node
  seeds:
    - "<seed url>"
```

图 4-10　从节点配置示意图

2. conf 文件配置——端口号配置

设置节点 1 和节点 2 的端口号，避免两者一致造成端口号冲突，将两者的端口号设置成不一样的，执行结果如图 4-11 所示。

图 4-11　节点端口号配置示意图

3. conf 文件配置——P2P 模块配置

加入一组静态节点选项，使节点之间能相互发现。需要在 P2P 模块里加入如下信息：节点编号、节点地址、机器的 IP 地址、节点的端口号，执行结果如图 4-12 所示。

在 conf 配置文件中加入上面的信息设置成如下的格式：-xnode://${nodeid}@${host}:${port}?address=${address}。

4. conf 文件配置——出矿节点地址校验

由于目前采用单节点方式出矿，之前选择的是节点 1 为主节点，那么这里就选择节点

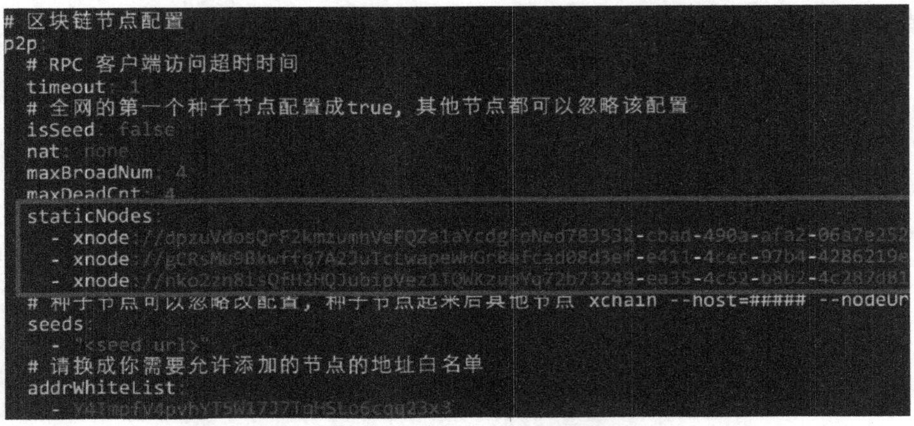

```
# 区块链节点配置
p2p:
  # RPC 客户端访问超时时间
  timeout: 1
  # 全网的第一个种子节点配置成true，其他节点都可以忽略该配置
  isSeed: false
  nat: none
  maxBroadNum: 4
  maxDeadCnt: 4
  staticNodes:
    - xnode
    - xnode
    - xnode
  # 种子节点可以忽略该配置，种子节点起来后其他节点 xchain --host=##### --nodeUr
  seeds:
    - "<seed url>"
  # 请换成你需要允许添加的节点的地址白名单
  addrWhiteList:
```

图 4-12　P2P 模块配置示意图

1 为出矿节点，因此要比对一下节点 1 中创世区块文件中的矿工地址是否与节点地址一致，一致的话才可以出矿；若不一致，则将创世块汇总的矿工地址与节点地址保持一致即可，执行结果如图 4-13 所示。

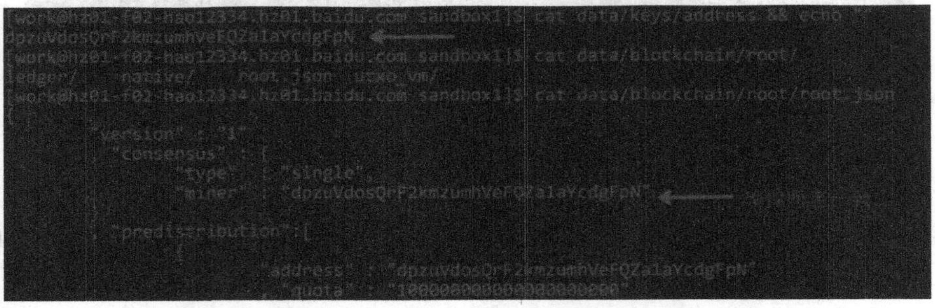

```
[work@hz01-f02-hao12334.hz01.baidu.com sandbox1]$ cat data/keys/address && echo ""
dpzuVdosQrF2kmzumhVeFQZa1aYcdgFpN
[work@hz01-f02-hao12334.hz01.baidu.com sandbox1]$ cat data/blockchain/root/
ledger/    native/    root.json  utxo_vm/
[work@hz01-f02-hao12334.hz01.baidu.com sandbox1]$ cat data/blockchain/root/root.json
{
        "version" : "1"
        , "consensus" : {
                "type" : "single",
                "miner" : "dpzuVdosQrF2kmzumhVeFQZa1aYcdgFpN"
        }
        , "predistribution":[
                {
                        "address" : "dpzuVdosQrF2kmzumhVeFQZa1aYcdgFpN"
                        , "quota" : "100000000000000000000"
```

图 4-13　出矿节点地址校验示意图

5. conf 文件配置——设置从节点配置

将节点 2 目录下的出矿节点配置改为 false，也需要在 P2P 模块里加入如下信息：节点编号、节点地址、机器的 IP 地址、节点的端口号，便于这两个节点相互找到彼此，执行结果如图 4-14 所示。

4.1.5　创世区块

1. 创世区块配置的主要内容

创世区块配置的主要内容如下：

(1) 共识机制，配置区块链的共识算法采用哪一种；

(2) 矿工地址，即节点地址；

(3) 创世区块地址，和主链地址保持一致；

(4) 区块大小，定义了区块的容量大小，决定了区块中打包的交易数量；

(5) 区块时间间隔，规定了产生一个区块所需的时间；

```
# 区块链节点配置
p2p:
  # RPC 客户端访问超时时间
  timeout: 1
  # 全网的第一个种子节点配置成true，其他节点都可以忽略该配置
  isSeed: false
  id: none
  maxBroadNum: 4
  maxDeadCnt: 4
  staticNodes:
    - xnode://dpzuVdosQrF2kmzumhVeFQZa1aYcdgFpNed783532-cbad-490a-afa2-
    - xnode://gCRsMu9Bkwffq7A2JuTcLwapeWHGr8efcad08d3ef-e411-4cec-97b4-
    - xnode://nko2zn8isQfH2HQJubipVez1TQWKzupYg72b73249-ea35-4c52-b8b2-
  # 种子节点可以忽略该配置，种子节点起来后其他节点 xchain --host=#####
  seeds:
    - "<seed url>"
  # 请换成你需要允许添加的节点的地址白名单
  addrWhiteList:
    - Y4TmpfV4pvhYT5W17J7TqHSto6cqq23x3
```

图 4－14　设置从节点配置示意图

(6) 系统奖励，挖矿奖励，对于矿工的激励。

2. 统一创世区块配置

保持各节点链的创世区块配置一致。分别查看各节点数据文件中的创世区块配置文件，检查这两个节点的配置是否一致，不一致的话需要改成一致，下面是百度链的配置信息(见图 4－15)，作为本实训课程的例子。

```
{
    "version" : "1"
    , "consensus" : {
        "type"  : "single",//共识类型，默认为single
        "miner" : "dpzuVdosQrF2kmzumhVeFQZa1aYcdgFpN"//矿工地址
    }
    , "predistribution":[
        {
            "address" : "dpzuVdosQrF2kmzumhVeFQZa1aYcdgFpN"
            , "quota" : "100000000000000000000"
        }
    ]
    , "maxblocksize" : "128"//块大小，默认128M
    , "period" : "3000"//出块时间间隔
    , "award" : "428100000000"//出块奖励
    , "decimals" : "8"//精度
    , "award_decay": {
        "height_gap": 31536000,//高度每增加31536000，便递减出块奖励
        "ratio": 1//奖励递减当前每出一块奖励的1%
    }
}
```

图 4－15　百度链的配置信息

4.2 建链操作实训

本实训基于百度超级链搭建区块链。第一步是创建节点目录，节点在区块链上是以文件目录的形式存在的。必须先有节点，才能形成区块链。

4.2.1 创建节点目录

1. 进入实训项目

进入“区块链金融应用实践平台”中，如图 4-16 所示。

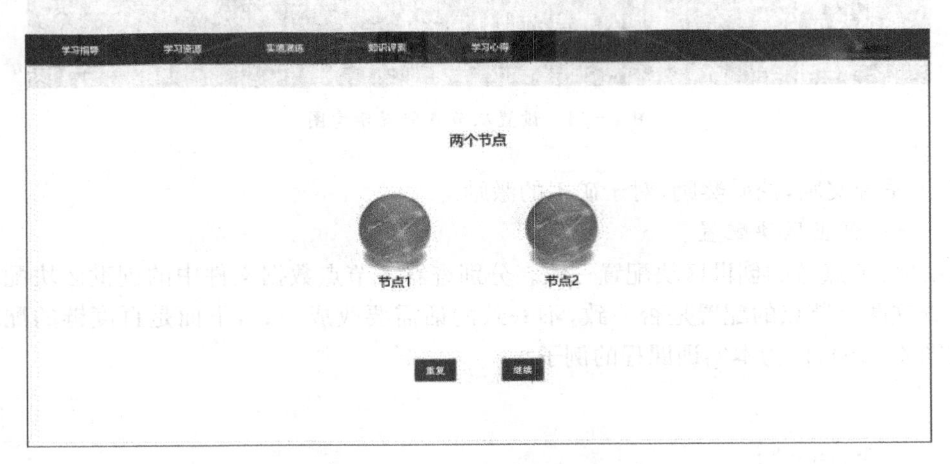

图 4-16　两个内置好的虚拟节点

系统已经准备好了两个节点(这两个节点是虚拟的，只是作为演示使用)，之后的操作是基于百度超级链来执行的。

2. 设置主节点

单击“继续”进入到下一步的模拟教学中，如图 4-17 所示。

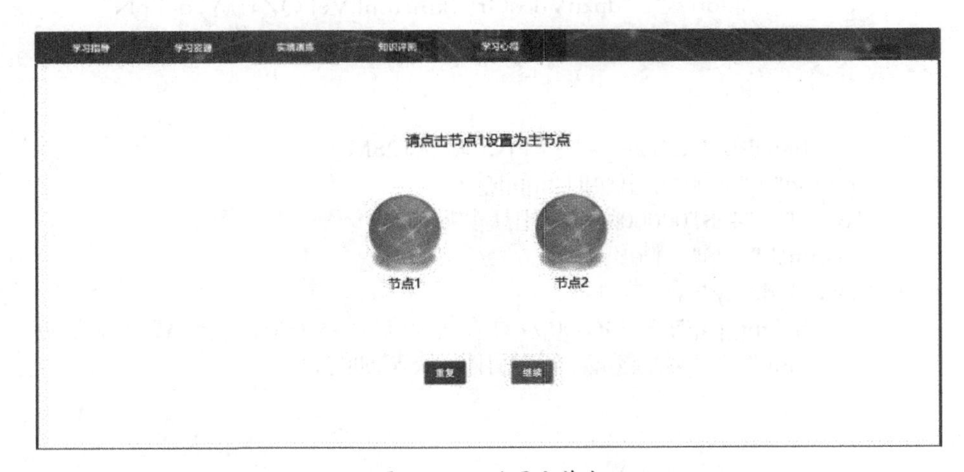

图 4-17　设置主节点

在区块链当中有众多的节点存在，必须有一个主节点来生成区块链，其他的节点称为从节点，从节点会同步主节点的区块。真实的主节点的设置是通过 linux 命令来执行和配置的。这里为了降低理解难度，直接设置为“节点 1”，并设置其为主节点。

3. 配置节点文件

单击“继续”进入到下一步的学习中，如图 4－18 所示。

将公链安装包下的配置文件、数据文件、日志文件、公链文件复制到节点目录下

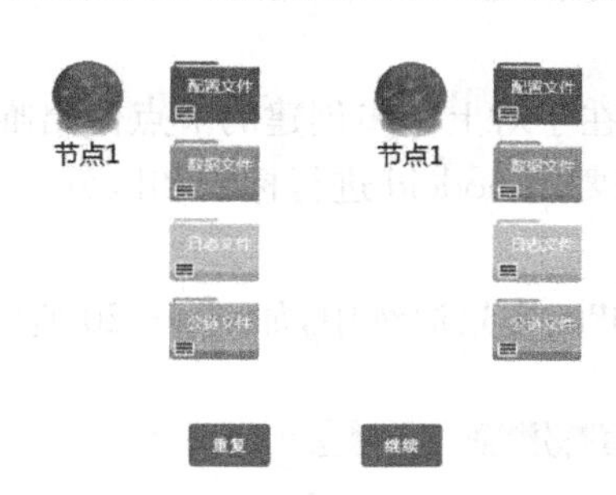

重复　继续

图 4－18　配置节点文件

这一步可显示在百度超级链上创建节点需要具备哪些条件。将节点 1 设置为主节点以后，查看主节点下的 4 类文件：配置类的文件（配置的主节点就是在这里进行配置的）；数据类文件（节点间的数据存放在这些文件中）；日志文件（操作结果保存的地方）；公链文件（百度超级链安装包文件）。将这 4 类文件拷贝到其他节点下面。

4. 完成节点创建

截止到这一步，节点目录创建完成，如图 4－19 所示。

创建节点目录完成

重复　继续

图 4－19　节点创建完成

5. 总结

(1) 节点目录的创建共分为3部分:第一部分是节点的创建;第二部分是主节点的设置;第三部分是节点目录的拷贝。

(2) 对于第一部分节点的创建,简单地说就是在公链上创建一个文件,文件名字可以自己自主定义。在其他的公链上创建节点,一般都有自己的区块链钱包,安装了这个公链的钱包,就相当于在该公链上创建了一个节点。

(3) 节点目录的创建,就是在该节点的文件夹下面,把这些公链文件拷贝到自己的节点下面,在配置文件中进行配置,区分主从节点。

4.2.2 生成节点 nodeid

生成节点 nodeid 的目的在于对上一步创建的节点做出唯一性的标识。每个节点在区块链上都是独一无二的,就需要用 nodeid 进行标识和区分。

1. 生成节点 nodeid

进入到"生成节点 nodeid"的实景演练中,如图 4-20 所示。

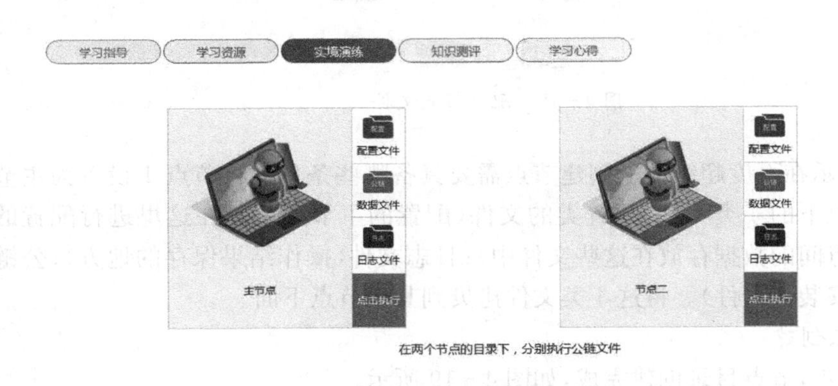

图 4-20 节点 nodeid 设置初始页面

2. 执行公链文件安装包

生成节点 nodeid 之前,必须先执行公链文件下的安装包,公链文件是一种可执行的文件。执行完成后,如图 4-21 所示。

3. 生成 nodeid 文件

本模拟操作中,按照系统提示,单击公链的安装包即可。真实的执行操作,是用 linux 命令来执行的,执行百度超级链的 linux 命令是./xchain,这个命令作为了解。执行这个命令之后,就会在数据文件下生成一个 nodeid 文件,里面存放节点 nodeid。如图 4-22 所示。

4. 访问 nodeid 文件

在数据文件下生成了 nodeid 文件,单击"继续",在新生成的 nodeid 文件上面点击"打开文件"的标识,如图 4-23 所示。

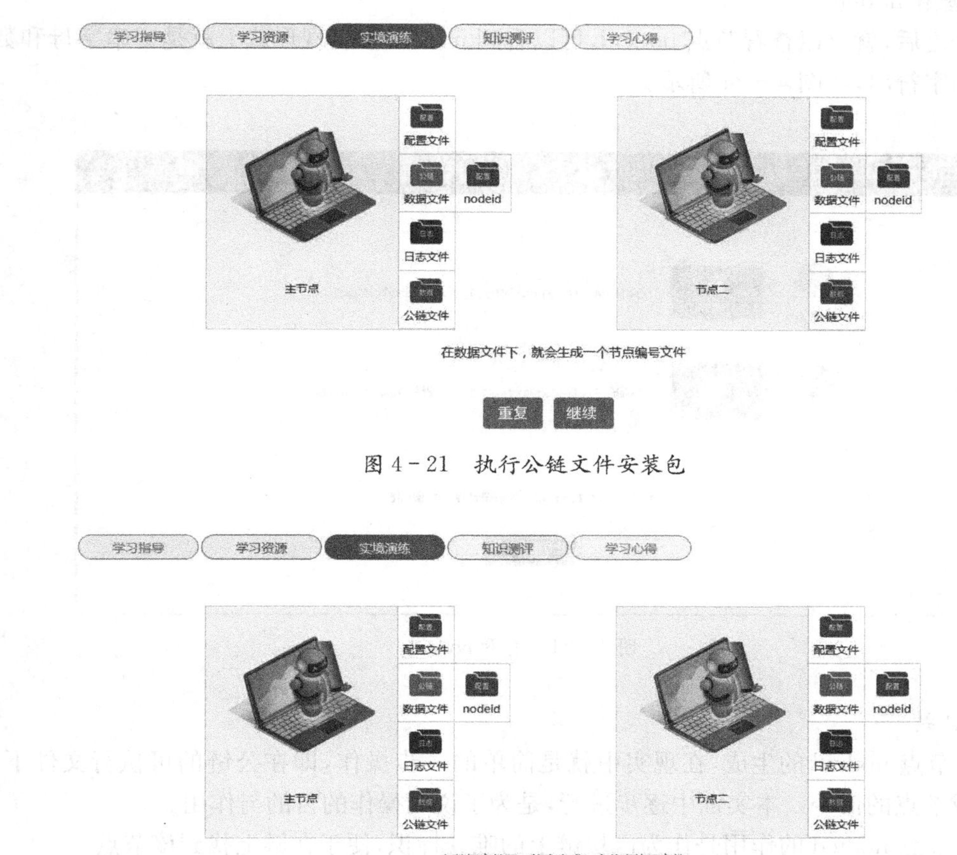

图 4-21　执行公链文件安装包

图 4-22　生成 nodeid 文件

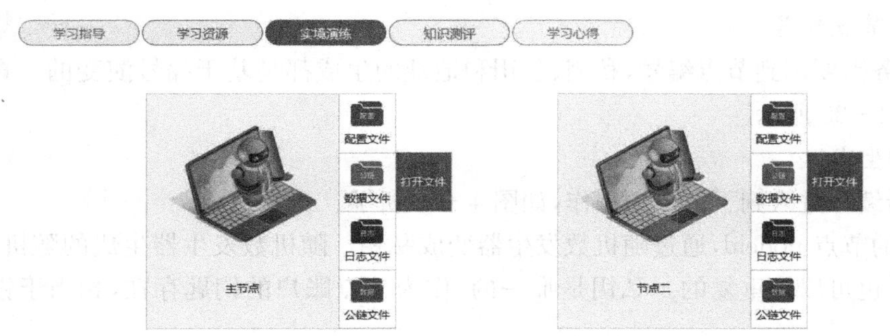

重复　继续

图 4-23　查看 nodeid 文件

5. 查看 nodeid

打开之后，就可以查看节点 nodeid，可以看到 nodeid 在表现形式上就是一串字母和数字组合的字符串，如图 4-24 所示。

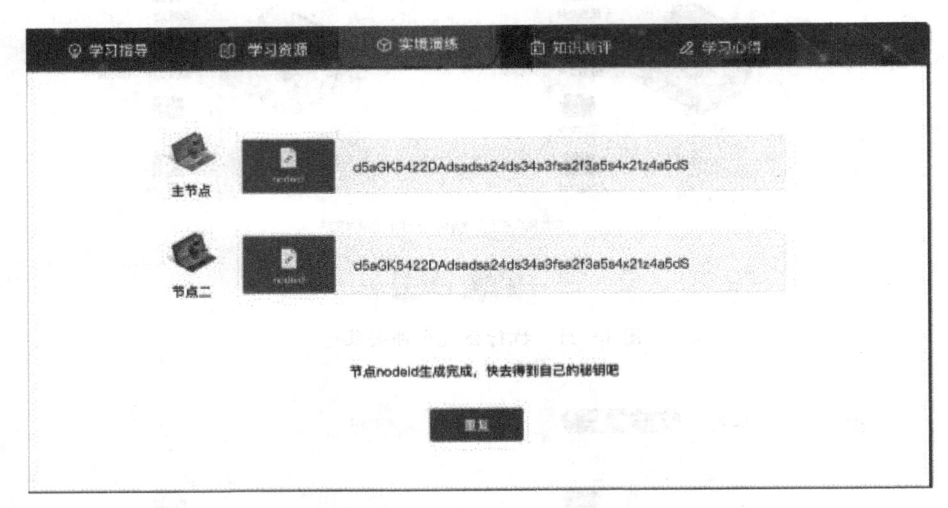

图 4-24　查看 nodeid

6. 总结

(1) 节点 nodeid 的生成，在现实中就是简单的一步操作，即在公链的可执行文件下，执行生成节点的命令。本实训中逐步进行，是为了说明操作的目的与作用。

(2) 节点 nodied 的作用是作为区块链上的唯一标识，便于在链上找到该节点。

4.2.3　获取节点地址

节点地址的生成，是搭建区块链的关键步骤。创建了节点地址，才能接受别的节点发过来的数据、交易等信息。

1. 查看节点编号

本次任务需要用到节点编号，私钥、公钥和地址的生成都是基于编号演变的。查看节点编号如图 4-25 所示。

2. 私钥生成

单击“继续”，进入到下一步的操作，如图 4-26 所示。

将生成的节点 nodeid，通过随机数发生器变成私钥。随机数发生器生成的随机数，可以是唯一的，也可以是重复的。私钥是唯一的，作为节点账户的钥匙存在，相当于银行卡的密码。

3. 公钥生成

单击“继续”，进入到下一步。如图 4-27 所示。

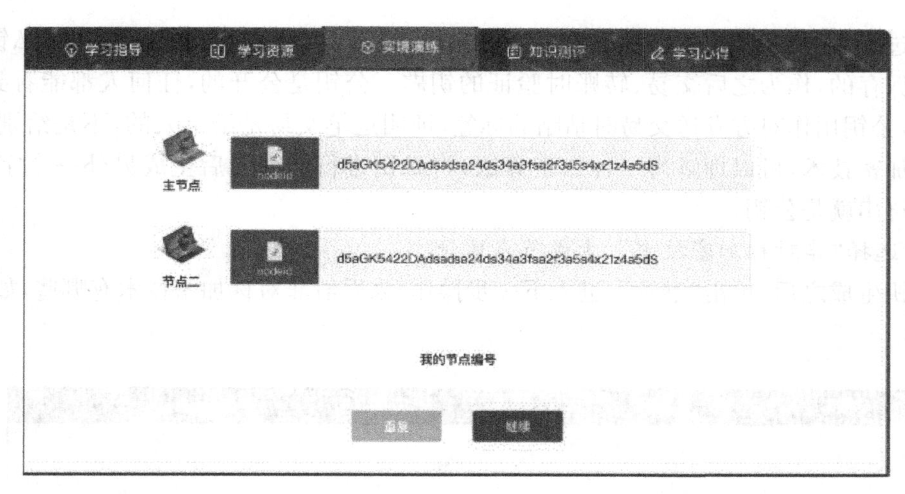

图 4 - 25　两节点编号

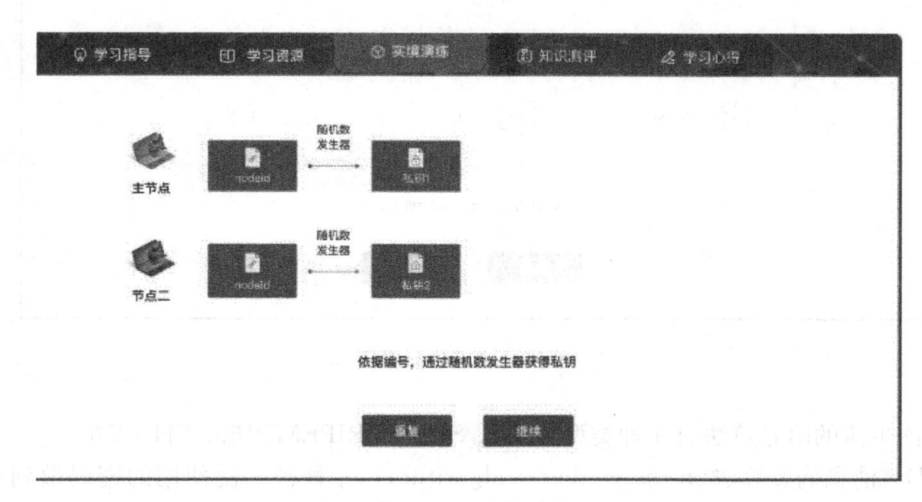

图 4 - 26　私钥生成

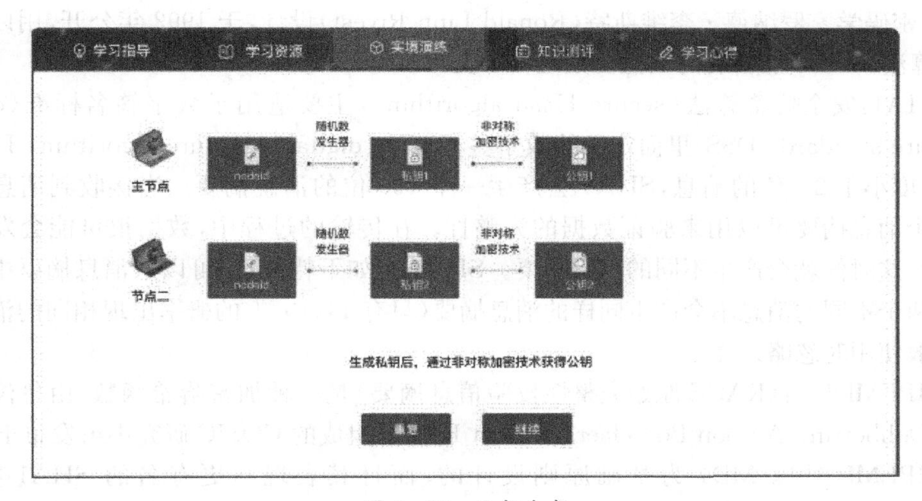

图 4 - 27　公钥生成

通过非对称加密技术，在私钥的基础上生成公钥。这样就形成了公私钥对，私钥是用户自己保存的，作为之后交易、转账时验证的钥匙。公钥是公开的，任何人都能看到自己的公钥，公钥用作对方发送交易时粘贴的标签，证明这笔交易是给某人的，不是给别人的。非对称加密技术，可以理解为一种加密算法，将私钥进行加密之后生成另外一个字符串，这个字符串就是公钥。

4. 选择"非对称加密技术"，生成节点地址

公钥生成之后，单击"继续"，进入下一步操作，来看看非对称加密技术有哪些，如图 4-28 所示。

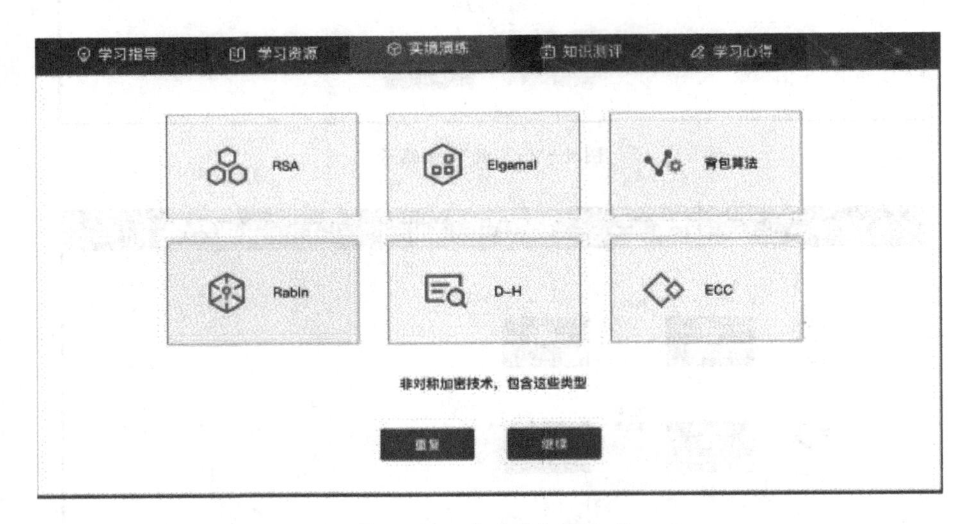

图 4-28　非对称加密技术

目前主流的哈希算法有 4 种类型：MD5、SHA1、RIPEMD160、SHA256。

MD5：消息摘要算法（message-digest algorithm），一种被广泛使用的密码散列函数，可以产生一个 128 位（16 字节）的散列值（hash value），用于确保信息传输完整一致。MD5 由美国密码学家罗纳德·李维斯特（Ronald Linn Rivest）设计，于 1992 年公开，用以取代 MD4 算法。MD5 加密后的数值位数是 128 位。

SHA1：安全哈希算法（secure Hash algorithm），主要适用于数字签名标准（digital signature standard, DSS）里面定义的数字签名算法（digital signature algorithm, DSA）。对于长度小于 2^{64} 位的消息，SHA1 会产生一个 160 位的消息摘要。当接收到消息的时候，这个消息摘要可以用来验证数据的完整性。在传输的过程中，数据很可能会发生变化，那么这时候就会产生不同的消息摘要。SHA1 有如下特性：不可以从消息摘要中复原信息；两个不同的消息不会产生同样的消息摘要（只有 1×10^{-48} 的概率出现相同的消息摘要，一般使用时忽略）。

RIPEMD160：（RACE 原始完整性校验信息摘要）是一种加密哈希函数，由鲁汶大学 Hans Dobbertin, Antoon Bosselaers 和 Bart Prenee 组成的 COSIC 研究小组发布于 1996 年。RIPEMD 是以 MD4 为基础原则设计的，而且其表现与更有名的 SHA1 类似。RIPEMD160 是以原始版 RIPEMD 所改进的 160 位元版本，而且是 RIPEMD 系列中最常

见的版本，RIPEMD160是设计给学术社群使用的。

SHA256：哈希值用作表示大量数据的固定大小的唯一值。数据的少量更改会在哈希值中产生不可预知的大量更改。SHA256算法的哈希值大小为256位，是应用很广泛的一种加密算法，比特币中地址的生成就是利用SHA256这一加密算法。

5. 区块链地址展示方式

单击“继续”进入到下一步的场景中，如图4-29所示。

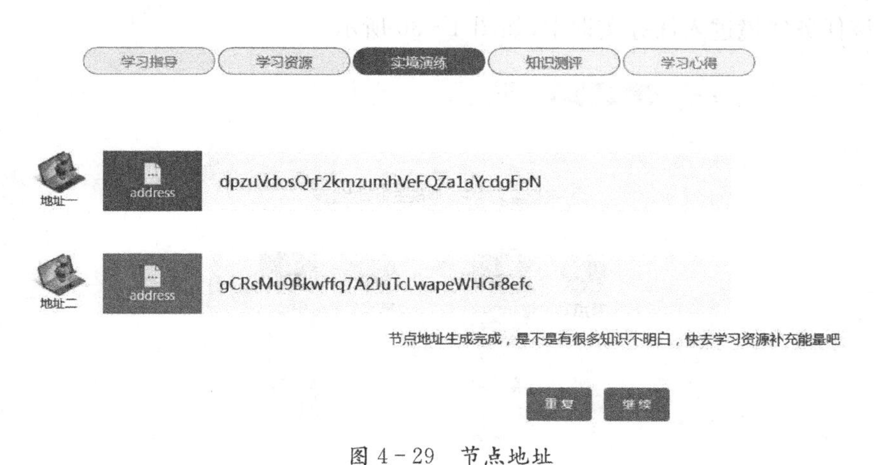

图4-29 节点地址

图4-29中文本是区块链地址的展示方式，是由一段固定长度的数字和字母组成的。

那么这个长度是多少呢？由谁来决定呢？答案是：由采用的加密算法决定。字符串长度与采用的哈希加密算法有关，比如说，采用MD5加密算法，那区块链地址就是128位；采用SHA1加密算法，那区块链地址就是160位；采用RIPEMD160加密算法，那区块链地址就是160位；采用SHA256加密算法，那区块链地址就是256位。

区块链地址的作用是什么呢？区块链地址是节点间进行转账、交易、数据传输时，对方接收的地址，有与银行卡卡号类似的作用。

6. 总结

(1) 这一任务涉及3个重要的概念：私钥、公钥和区块链地址，它们相互之间生成的路径是：由nodeid在随机数发生器的作用下生成私钥，私钥经非对称加密技术生成公钥，公钥和nodeid共同经过哈希加密算法，生成区块链地址。

(2) 私钥和公钥是一对密钥对，相互存在，彼此对应。私钥自己保存，在之后解锁自己的账户和交易验证时使用。公钥是全网公开的，作为信息的归属标识，也就是说交易信息上贴上谁的公钥，这个信息就属于谁，必须用对应的私钥进行匹配才能解锁信息或者交易。另外，公私钥也是相互的，互为公私钥，即不公开的就是私钥，公开的就是公钥。

(3) 区块链地址是这一任务的核心重点。生成地址需要经过多次加密技术，目的是使地址更安全、更随机。区块链地址用于接收对方的转账、交易、数据的发送。地址的长度由哈希加密的技术来决定。

(4) 在地址生成的过程中涉及了很多非对称加密技术和哈希加密算法，非对称加密技术适用于生成公私钥对，哈希加密算法用于生成区块链地址。

4.2.4 配置 conf 文件

修改主从节点是为了保证区块链中存在唯一的主节点，用于主动生成块，而其他的节点就是从节点，用于同步区块。对端口号进行设置的目的是防止节点间端口号一致，导致端口号冲突，不能形成区块链。

1. 修改两节点配置

打开该任务实境进入任务实训中，如图 4-30 所示。

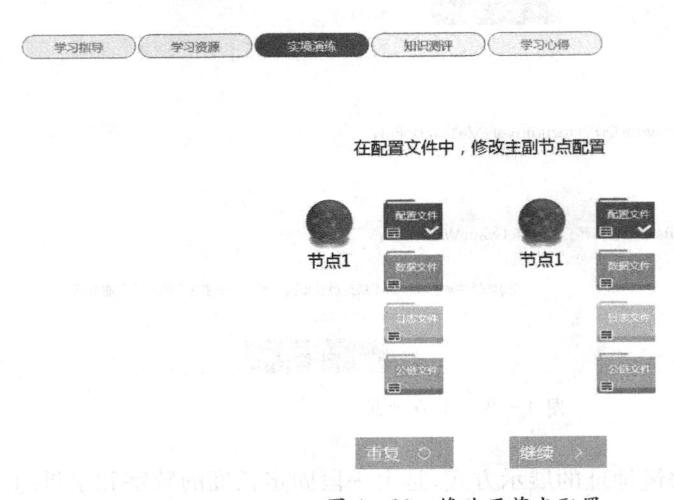

图 4-30　修改两节点配置

在节点目录下的配置文件中修改节点配置，单击“配置文件”进入到内部进行修改。

2. 配置节点端口号

单击“继续”进入到下一步的场景中，如图 4-31 所示。

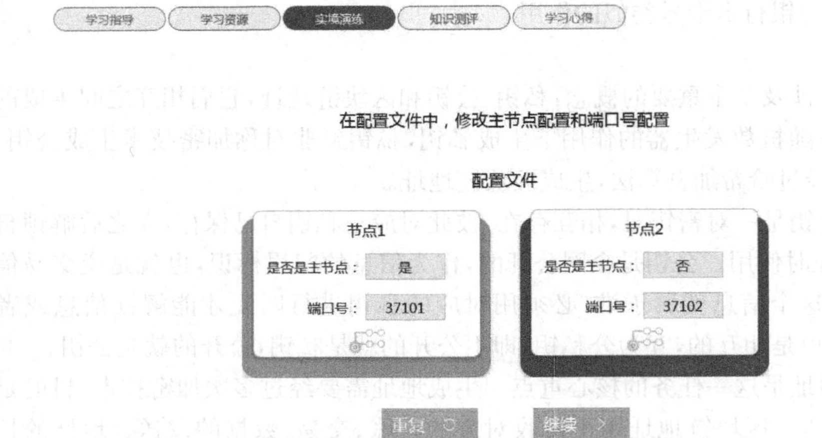

图 4-31　配置节点端口号

需要修改的是主节点与从节点，在配置文件中进行设置来规定节点 1 是主节点，节点

2 等其他节点是从节点。在第一栏“是否是主节点”中配置节点 1 为“是”，节点 2 为“否”。

配置的另一项是端口号的设置。端口包括物理端口和逻辑端口，物理端口是用于连接物理设备之间的接口，逻辑端口是逻辑上用于区分服务的端口。TCP/IP 协议中的端口就是逻辑端口，通过不同的逻辑端口来区分不同的服务。一个 IP 地址的端口通过 16 位元进行编号，最多可以有 65 536 个端口。端口是通过端口号来标记的，端口号只有整数，范围是从 0 到 65 535。对端口号进行设置，是为了防止节点间端口号一致，导致端口号冲突，不能形成区块链。在这里设置节点 1 的端口号为 37101，节点 2 的端口号为 37102。

3. 节点端口号重复性查检

单击“继续”进入下一步场景中，如图 4－32 所示。

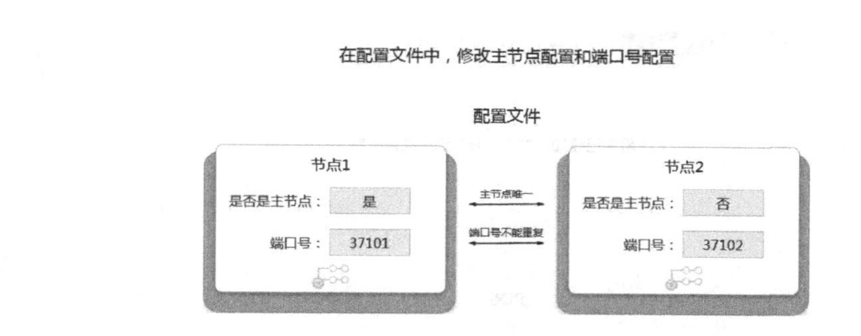

图 4－32　节点端口号重复性查检

这里对主节点和端口号进行了进一步查检，保证主节点的唯一性和端口号不重复。

4. 加入 P2P 网络

单击“继续”进入下一步场景，如图 4－33 所示。

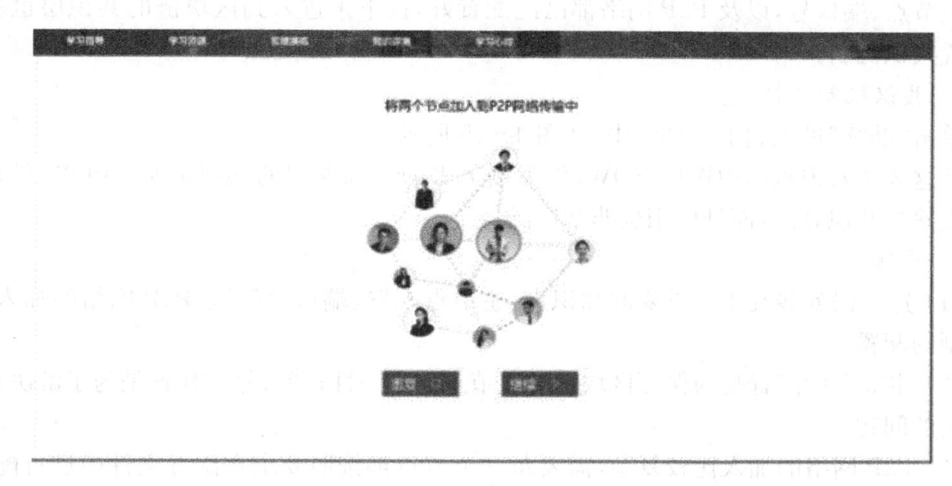

图 4－33　加入 P2P 网络

主节点和端口号配置完成之后，所有的节点都需要加入 P2P 网络中，形成一个网络拓扑结构。这种结构属于区块链网络层，解决了各节点之间点对点传输的问题，使彼此之间的效率大大增加，如迅雷下载采用的就是 P2P 的网络结构，这样才能使文件的下载速度大大提高。

那么如何才能加入 P2P 网络结构中呢？实际操作中，具体配置信息在 P2P 模块中进行设置。语句是 staticNodes:-xnode://${nodeid}@${host}:${port}?address=${address}。其中，staticNodes 的信息中 nodeid 是上面生成节点编号，address 即节点地址，host 就是各节点机器的 IP 地址，port 为节点的端口号。

每个节点都必须按照这个信息进行配置，配置成功就加入了 P2P 网络点。

5. 共识机制设置

单击“继续”进入到下一步的场景中，如图 4-34 所示。

图 4-34　共识机制

主节点、端口号，以及 P2P 网络都已经配置好，接下来进入到区块链的共识层也就是要配置共识机制。

6. 共识机制选择

单击“继续”进入到下一场景中，如图 4-35 所示。

从这 3 个共识机制中选择 POW，作为接下来的实训课程的共识机制。POW 是目前比较成熟的共识算法，而且应用也非常广泛。

7. 总结

(1) 这一任务涉及 4 个重要的知识点：主节点配置、端口号配置、P2P 网络的加入、共识机制的配置。

(2) 主节点的配置是为保证区块链中主节点的唯一性；端口号的配置是为了解决端口号冲突的问题。

(3) P2P 网络的加入比较复杂，需要每一个节点都按照要求在配置文件中进行配置。需要在 P2P 模块中配置-xnode://${nodeid}@${host}:${port}?address=

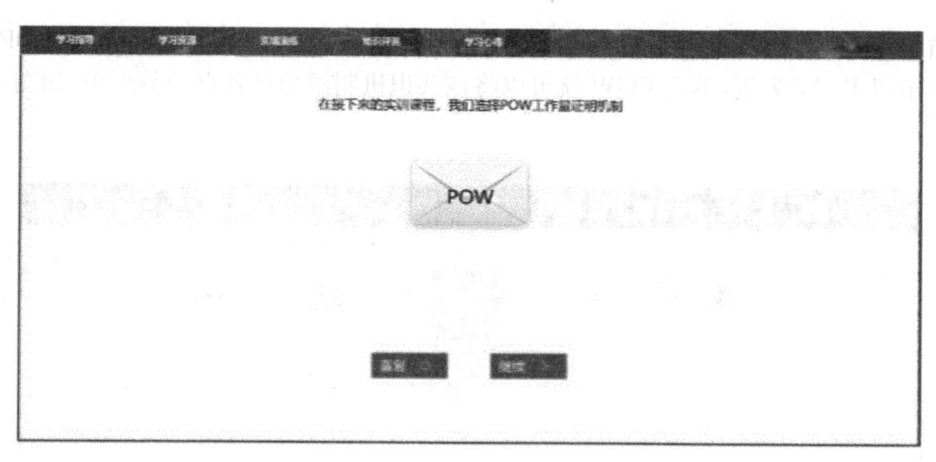

图 4-35　共识机制选择

${address}，其中 nodeid 是生成的节点编号；host 是计算机的 IP 地址；port 是端口号；address 是生成的节点地址。

(4) 共识机制的配置包括 POW、POS、DPOS。

4.2.5　创建创世区块

保证创世区块中的配置和主链一致，这是为了能随主链产生区块链。保持各节点包括主节点在内，与创世块配置一致。

1. 创建创世区块

进入创建创世区块任务中，如图 4-36 所示。

图 4-36　创建创世区块

接下来以配置拼图的方式来讲解，需要在创世区块中统一哪些信息，学生仅对需要配置的信息做一个简单的了解即可。

首先,需要统一配置的是共识机制。目前主流的共识机制是 POW、POS、DPOS 3 种。本节以 POW 为例,单击 POW 就可以将该共识机制添加到各自的节点中,如图 4-37 所示。

图 4-37　创世区块共识机制配置(一)

为什么要统一共识机制呢,因为共识机制的统一决定了区块链上节点的权益算法,例如:POW 共识机制代表着节点的权益是由该节点的算力决定的,POS 共识机制代表着节点的权益是由该节点的代币数量决定的。节点的权益包括:获得打包记账权的概率的大小以及投票的权益。所以,在搭建区块链的时候一定要明确区块链上的节点是由什么形式来决定的,这也是区块链的必要组成部分,也叫作共识层,如图 4-38 所示。

图 4-38　创世区块共识机制配置(二)

2. 设置矿工地址

单击“继续”,进入到下一个场景中,如图 4-39 所示。

需要统一的信息是所有节点的创世区块中的矿工地址,也就是创世块的生产者地址要保持相同,同步百度超级链的主链。

图 4-39 设置矿工地址

所谓的矿工地址，指的就是打包该区块的节点地址。因为在区块链上不同的节点分工是不一样的，有的节点只是为了用区块链进行交易，这部分节点被称为数据的产生者。还有一部分节点是负责区块链上数据的打包验证，将其他节点产生的数据打包到区块中，形成区块链。这类用户节点被称为矿工节点。本次是基于百度超级链搭建测试链，那么矿工地址也就是百度主链的矿工地址，只需把测试链的各节点的矿工地址统一成一个即可，接着看还需要统一哪些配置。

3. 创世块生产者地址

单击“继续”进入到下一个场景，如图 4-40 所示。

图 4-40 创世块生产者地址

这一步要统一的是创世块生产者地址。

创世块生产者地址的意思就是打包该区块的矿工地址，因为这是创世区块，所以还不存在矿工的打包。另外由于是基于百度超级链搭建的区块链，这就意味着所搭建的测试链上的区块是同步主链的，那么测试链上的创世区块的生产者地址就要与主链相同。所以，在这里要将所有的节点上的创世区块的生产者地址统一，这样才能成功地同步主链的区块。另外一个要补充的是，这里的创世区块生产者地址与上一步讲的矿工地址是一样的，因为都需要和百度超级链这一主链保持一致，而且也必须是一样的。

4. 设置区块大小

单击“继续”，进入下一步，如图 4-41 所示。

图 4-41 设置区块大小

这一步要配置的是创世区块的大小，单击“区块大小”，就能将区块大小配置到各自的节点中，需保证每个节点中的创世块大小一致。

区块大小也就是区块容量，是指限定在每个区块存储的字节数，也就是确定了每个区块所能容纳的交易量。比如比特币的区块大小是 1M bits，意味着区块中的交易数据不能超过 1M，超过的数据会进入到下一个区块中。

5. 设置产生区块的时间间隔

单击“继续”进入到下一个配置场景，如图 4-42 所示。

图 4-42 设置产生区块的时间间隔

这一步要统一配置区块产生的时间间隔，单击“区块时间间隔”，将这一配置添加到各自的节点中。

区块的时间间隔是在规定的时间内产生一个区块。无论区块中打包了多少交易数据，产生区块的时间都应保持在规定的时间范围内。这个区块的时间间隔不是确定的值，而是在这个值的上下浮动的。

6. 设置奖励方式

单击“继续”进入到下一个配置场景，如图4-43所示。

图4-43 设置奖励方式

这一步统一配置的是系统奖励。

系统奖励作为矿工打包区块的激励，是以虚拟代币的方式奖励给矿工的。系统奖励对于公链来说是一个必须配置的元素，但对于联盟链或者私链来说系统奖励不是必须存在的，可以不用进行配置。因为联盟链和私链面对的是个别的用户，不需要激励机制就能保证数据被准确打包。接下来的实训课程，是按照公链的方式进行的，给予矿工的系统奖励是50金币，保证数据被准确及时地打包进区块中。

7. 总结

(1) 创世区块的概念是第一个被最早构建的区块，称为创世块。

(2) 将各节点中的创世区块配置与主链保持统一(本次是以百度超级链为主链搭建的测试链)，这样各节点产生的链才会不断产生区块，形成区块链。

(3) 统一创世区块的配置内容包括：矿工地址、区块大小、区块链产生的时间间隔、系统奖励。

4.2.6 运行节点

运行节点的目的是为了同步主链的区块，激活节点搭建的测试链。

1. 启动主节点

打开实境演练，进入到运行节点实训任务中，如图4-44所示。

节点1是主节点，启动主节点环节(正常情况是在节点的根目录下)，执行启动节点的命令，以启动节点(见图4-45)。

节点启动之后，就会同步主链的区块，将同步的区块放到自己的测试链上，图4-46是主节点的启动情况。

2. 启动从节点

进入“启动从节点”任务，如图4-47所示。

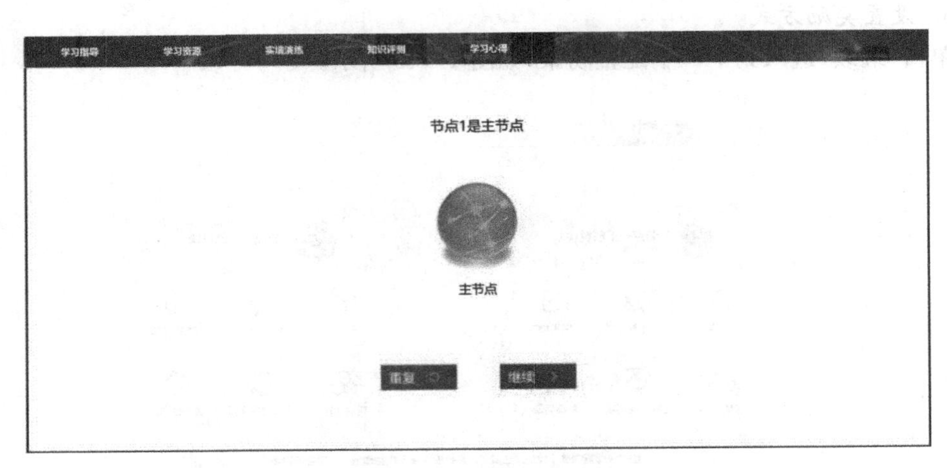

图 4 - 44　主节点界面

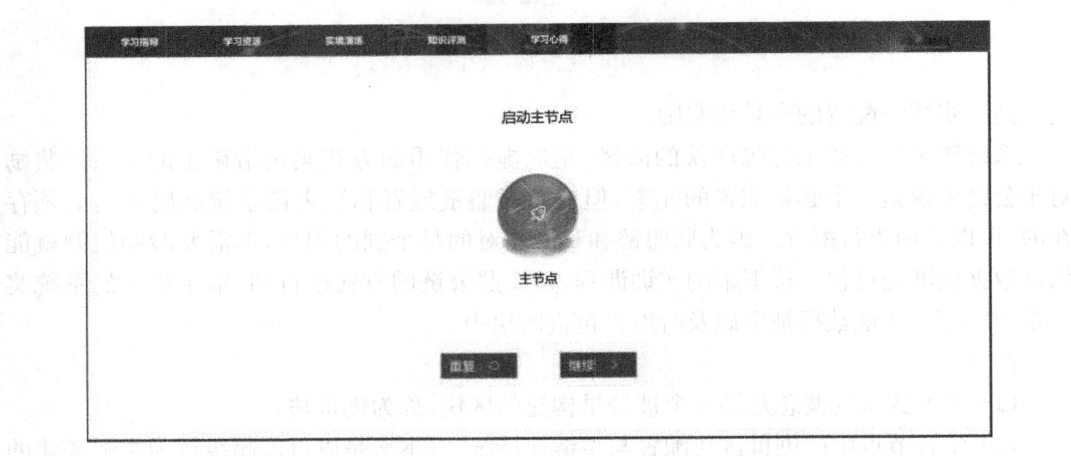

图 4 - 45　启动主节点

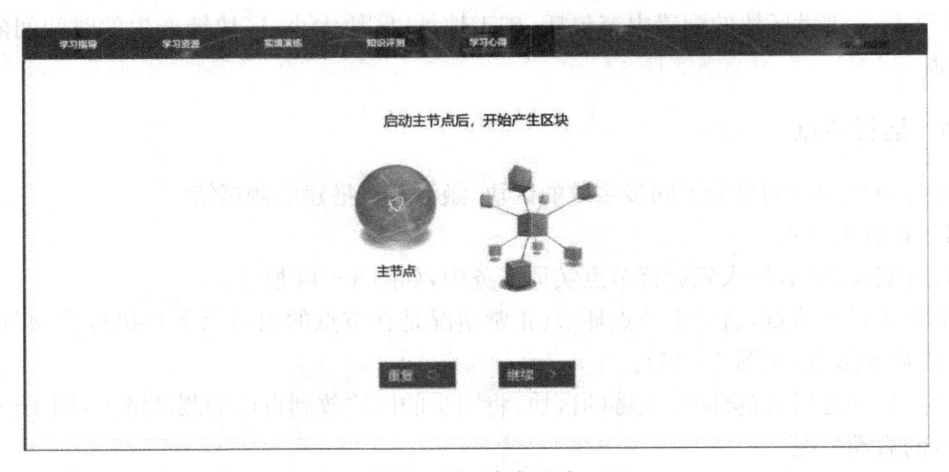

图 4 - 46　生成区块

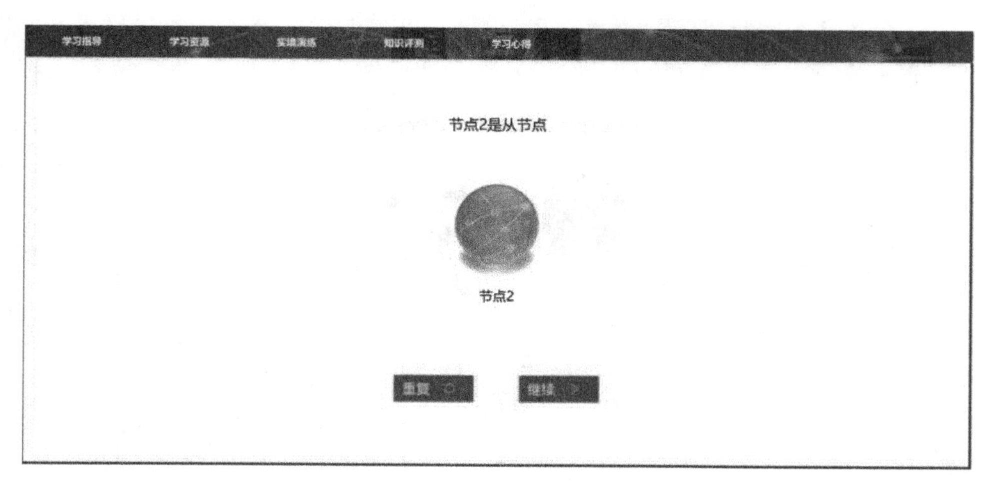

图 4－47　从节点界面

节点 2 是从节点，启动从节点的方式和主节点是一样的。执行启动的命令。这里只做了示意图的方式，代表节点 2 已经启动。如图 4－48 所示。

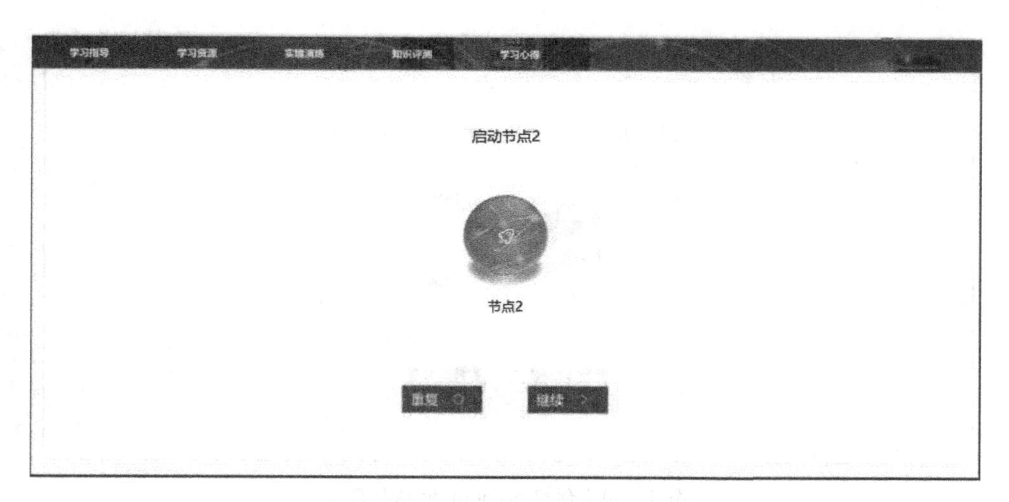

图 4－48　启动从节点

从节点启动之后，会同步主节点的区块，放在自己的测试链上。到此整个节点启动的过程就结束了，如图 4－49 所示。

3. 总结

(1) 启动节点其实很简单，就是启动命令的执行。

(2) 主节点启动后同步的是主链的区块；从节点启动后同步的是主节点的区块。

4.2.7　创建节点账号

在主节点的目录下创建一个新的节点目录，目的是为了创建一个新的节点，验证该主节点是否创建成功。

图 4-49　生成区块

1. 创建 account 和 Bob 目录

进入“创建节点账号”实训任务，如图 4-50 所示。

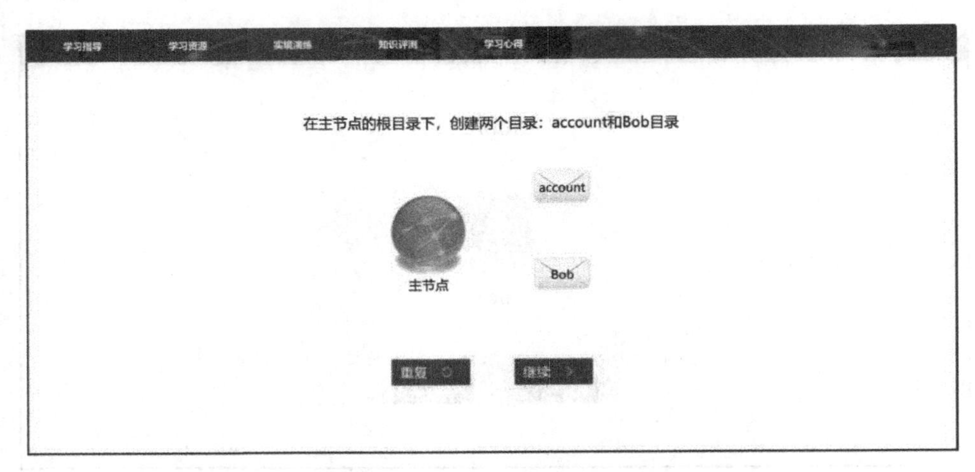

图 4-50　创建 account 和 Bob 目录

在主节点下创建了两个目录，即 account 和 Bob 目录。为了测试主节点是否可用，能否正常参与转账等操作，在主节点下创建一个 Bob 账号和一个查询账户余额的目录。创建目录的过程和之前是一样的。首先，创建两个文件夹；然后，把主节点的 4 个文件拷贝到这两个文件夹中。

2. 创建 Bob 账号

单击“继续”进入下一步骤，如图 4-51 所示。

节点目录创建完以后，为了测试主节点的有效性，需要生成 Bob 这一节点自己的地址、私钥和公钥。

这里涉及生成地址、私钥、公钥的命令，该命令也是基于百度超级链的。需要在 Bob 节点的根目录下执行，命令是：/xchain createAccount—keys. /data/keys。学生只需知道

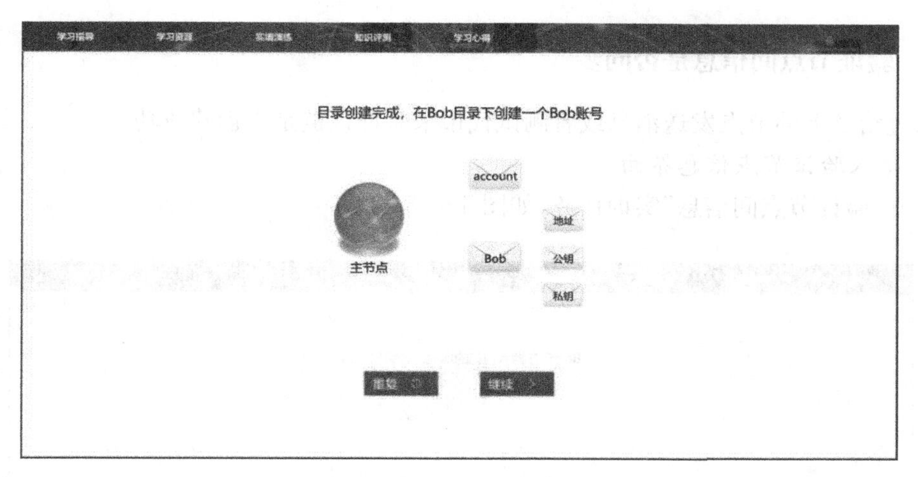

图 4-51　创建 Bob 公私钥

需要在 Bob 这一节点的根目录下执行某一生成账户地址的命令即可。

3. 生成 Bob 地址

单击“继续”，进入到下一个场景，如图 4-52 所示。

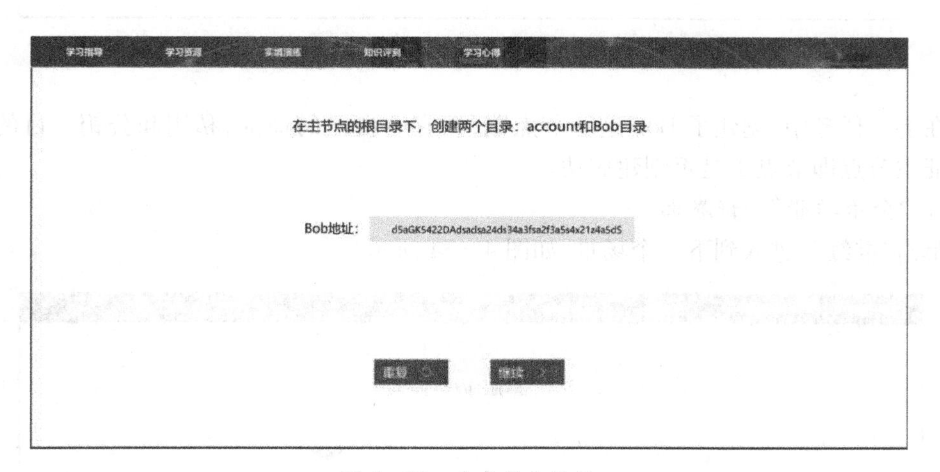

图 4-52　生成 Bob 地址

在生成了 Bob 自己的地址、公钥、私钥以后，单击“地址”就能看到 Bob 自己的地址。Bob 独有的地址，也就是区块链地址，是作为对方转账、交易、发送数据的接收地址，地址就相当于银行卡的卡号，它是公开的，其他人可以通过输入我们的公钥地址发送资产给我们，而私钥就相当于我们的密码。

至此，在主节点上创建了 Bob 这一节点，作为第一个用户来看待。下一个任务就是用这一用户来证明所创建的主节点是可行的。

4. 总结

本任务是在主节点上创建了一个节点，创建的过程和之前任务是一样的，目的是为了利用这个节点来接收交易信息，证明主节点是成功的，这一点在下一任务将具体来讲解。

4.2.8 验证节点间信息是否同步

通过给链上的节点发送消息或者测试代币来验证该链是否创建成功。

1. 进入验证节点信息界面

打开“验证节点间信息”实训任务，如图 4-53 所示。

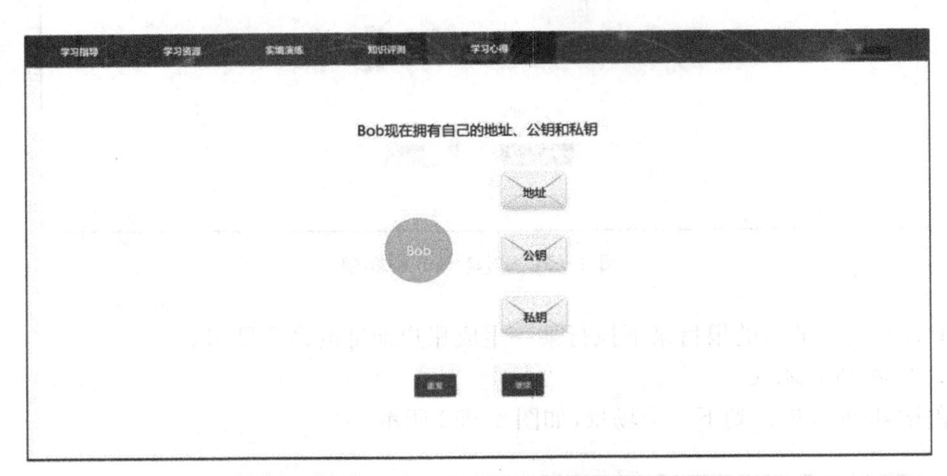

图 4-53 验证节点间信息任务初始界面

在上一任务中，创建了 Bob 这一节点账号，它有自己的地址、私钥和公钥。目的是为了验证主节点即节点 1 是否创建成功。

2. “金币转账”验证界面

单击“继续”，进入到下一个场景，如图 4-54 所示。

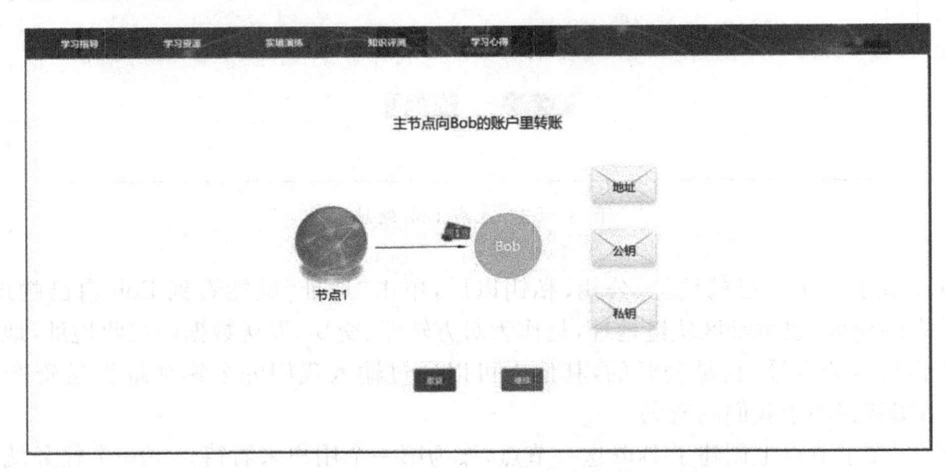

图 4-54 发送验证金币界面

验证的方式是让主节点给 Bob 的地址上发送一笔虚拟币，也就是给 Bob 进行转账来测试。

3. 开始转账

单击“继续”，开始转账，如图 4-55 所示。

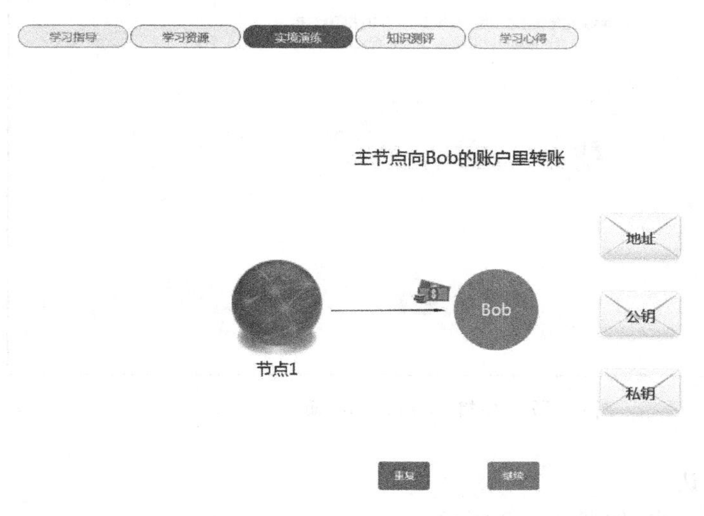

图 4-55　转账界面

转账方式是，主节点拿到 Bob 的地址和公钥。需要 Bob 的地址是为了给 Bob 转账，需要 Bob 的公钥是为了把转账的这笔交易贴上 Bob 的公钥作为标签，目的是证明这笔交易是 Bob 所有，必须用 Bob 的私钥进行配对才能解锁交易。

4. 主节点发送转账测试金币

转账 180 金币给 Bob，如图 4-56 所示。

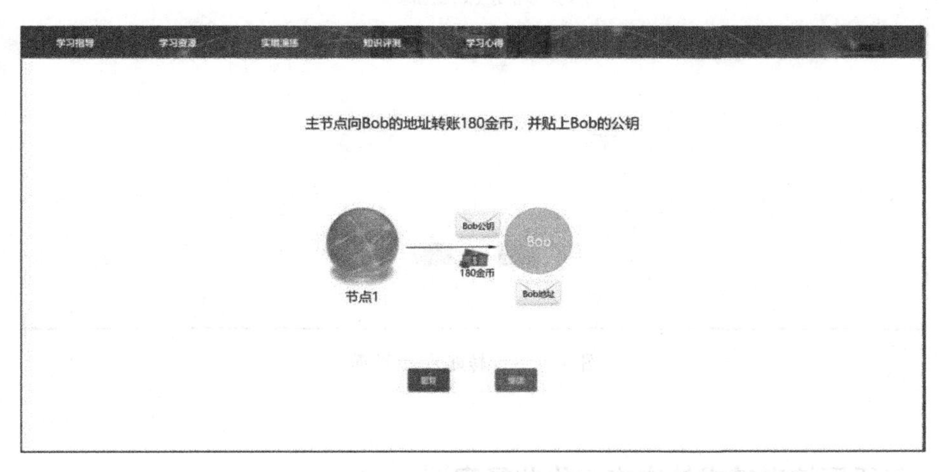

图 4-56　主节点转账界面

将 180 金币和公钥一同发送给 Bob，Bob 收到这笔交易之后，需要用自己的私钥与交易上的公钥配对，才能将里面的金币提取出来放到自己的账户里(见图 4-57)。这就涉及一个知识点：谁拥有私钥，谁就拥有该笔交易的数据。

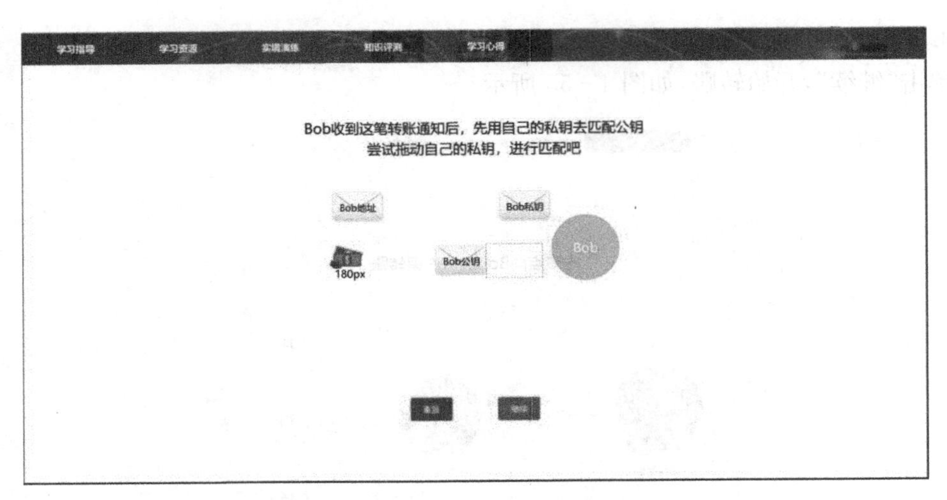

图 4-57　公钥、私钥匹配界面

5. 创建节点成功确认

单击"继续"，进入下一步，如图 4-58 所示。

Bob 会用自己的私钥进行匹配，匹配成功后，就会接受这笔资产。至此，整个验证过程就结束了。本节通过建立一个账户，给这个账户发送一笔交易，交易成功后，证明所搭建的测试链是成功的。

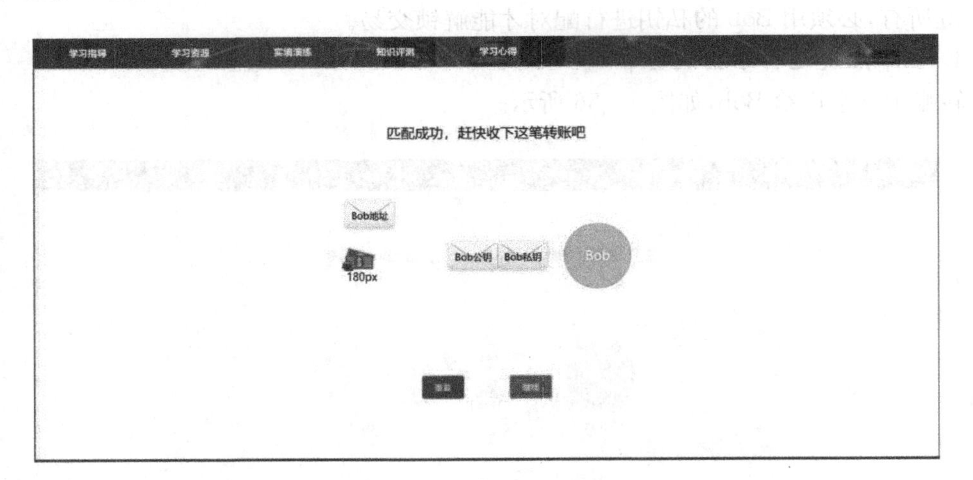

图 4-58　转账成功界面

4.3　基于区块链技术的去中心化业务实训

4.3.1　实训背景

1. 场景角色介绍

在本场景中，学生需要通过角色扮演的形式，来完成各自的任务。两种角色为制造企业和商贸企业。

去中心化场景中两种角色的任务如表4-1所示。

表4-1　角色任务表

制造企业	商贸企业
生成公钥、私钥	生成公钥、私钥
谈判准备：确定各项原材料的价格区间与自己可购买的数量	谈判准备：确定产品出售价格区间与自己可购买的数量
商业谈判：确定出售产品的数量和单价	商业谈判：确定购买产品的数量和单价
购买原料：根据谈判结果，购买原材料	购买产品：根据谈判结果，向制造企业发出购买申请
开始生产、确认申请并发货	确认制造企业发来的货品
确认货款是否到账	产品出售，并查看盈利金额

2. 场景业务流程介绍

制造企业通过在市场中购买原材料后完成生产，并将生产出来的产品销售给商贸企业以获取利润，而商贸企业则通过购买制造企业的产品并出售给市场以获取利润。

实训中的注意事项如下。

第一，市场中的原材料价格和产品价格是有波动的，但是会有一定的规律，所以扮演制造企业和商贸企业的学生在向市场购买原材料，或向市场出售产品的时候一定要优先分析市场价格的变化规律。

第二，交易双方需要签订购销合同，不过签订购销合同后就不再是由制造企业优先给商贸企业发货了，而是由商贸企业根据购销合同向制造企业发起购买申请，等待制造企业确认申请后，再由制造企业给商贸企业发货并收回货款。

3. 智能合约的约定

本场景里没有银行，需要通过制定一个智能合约来解决货款的问题，智能合约包括3部分：手续费、违约金、违约时间，数据如表4-2所示。通过举手表决，确定合约中采用的费用标准、违约时间标准。教师在教师端设置智能合约。

表4-2　合约规则数据

合约要素	定义	标准
手续费	给记账人的奖励：每个合约中都需要规定，记账人每记录一条账务，需要给记账人多少手续费	交易金额的1%，3%，5%
违约金	制造企业确认了商贸企业的发货申请后，如果制造企业没有按时发货，或制造企业发货后，商贸企业没有按时收货，则认为违约，违约后需要赔偿违约金	交易金额的5%，10%，15%
违约时间	结合违约金标准，约定多长时间为超时	3，5，10 min

4.3.2　实训步骤

1. 角色选定

全体对象，自主选定角色，任务描述如表4-3所示。

表4-3 角色选定任务

任务名称	任务描述
角色选定（全体）	所有学生查看学习资源，了解每种角色的工作内容，在实境演练中完成对角色的选定 注意：两种角色都要有人选定，所有学生不能只选一种

2. 生成公钥、私钥

全体对象，生成自己的公钥、私钥，任务描述如表4-4所示。

表4-4 生成公钥、私钥任务

任务名称	任务描述
生成公钥、私钥（全体）	1. 学习“非对称加密”学习资源 2. 在实境演练中输入个人名字（或随意文字）进行加密，生成属于自己的公钥和私钥，作为自己的唯一标识

思考学习：

实训中只要有金币的支出，就会需要输入公钥、私钥，那么什么是公钥与私钥呢？

这里需要理解非对称加密的概念。非对称加密算法是一种密钥的保密方法，非对称加密算法需要两个密钥：公开密钥和私有密钥。公开密钥与私有密钥是一对的，如果用公开密钥对数据进行加密，只有用对应的私有密钥才能解密；如果用私有密钥对数据进行加密，那么只有用对应的公开密钥才能解密。因为加密和解密使用的是两个不同的密钥，所以这种算法叫作非对称加密算法。

非对称加密算法实现机密信息交换的基本过程是：甲方生成一对密钥并将其中的一把作为公开密钥向其他方公开；得到该公开密钥的乙方使用该公开密钥对机密信息进行加密后再发送给甲方；甲方再用自己保存的另一把专用密钥对加密后的信息进行解密。和传统的用户名、密码形式相比，使用公钥和私钥交易最大的优点在于提高了数据传递的安全性和完整性。

3. 品牌制作

商贸企业、制造企业制作自己公司各自的品牌，任务描述如表4-5所示。

表4-5 品牌制作任务

任务名称	任务描述
品牌制作（商贸企业、制造企业）	1. 学习“品牌”学习资源 2. 在实境演练中，自定义“品牌名称、品牌标语、品牌图片内容”

4. 谈判准备

商贸企业、制造企业两角色，依据价格走势图，自行选择拟合作对象，就交易价格详谈，任务描述如表4-6所示。

表4-6　谈判准备任务

任务名称	任务描述
谈判准备（商贸企业）	1. 学习“商业谈判信息准备”“合同撰写”等学习资源 2. 商贸企业在实境演练中查看成品出售价格走势图，确定自己采购产品的价格，为与制造企业的价格谈判做好准备
谈判准备（制造企业）	1. 学习“商业谈判信息准备”“合同撰写”等学习资源 2. 制造企业在实境演练中查看成品出售价格走势图，确定自己出售产品的价格，为与商贸企业的价格谈判做好准备

5. 商业谈判

商贸企业、制造企业与合作对象确定拟采购（销售）产品的价格和数量，任务描述如表4-7所示。

表4-7　商业谈判任务

任务名称	任务描述
商业谈判（商贸企业、制造企业）	1. 学习“商业谈判信息准备”“合同撰写”等学习资源 2. 在教室中寻找对手，进行商业谈判，确定企业采购（销售）产品的数量和价格

6. 购销合同

商贸企业、制造企业，双方签订购销合同，任务描述如表4-8所示。

表4-8　购销合同任务

任务名称	任务描述
购销合同（商贸企业、制造企业）	1. 学习“购销合同的注意事项”和“撰写技巧”等学习资源 2. 在教室中与交易伙伴完成购销合同的签订

7. 生产计划

制造企业制定生产计划，任务描述如表4-9所示。

表4-9　生产计划任务

任务名称	任务描述
生产计划（制造企业）	1. 学习“生产计划”的学习资源 2. 制造企业根据购销合同，在实境演练中完成生产计划的编制和填写

8. 采购计划

制造企业制定采购计划，任务描述如表4-10所示。

表4-10　采购计划任务

任务名称	任务描述
采购计划（制造企业）	1. 学习“采购计划”的学习资源 2. 制造企业根据购销合同，在实境演练中完成采购计划的编制和填写

9. 购买原料

制造企业购买原材料，任务描述如表 4－11 所示。

表 4－11 购买原料任务

任务名称	任务描述
采购计划（制造企业）	1. 学习“原材料与质量管理”的学习资源 2. 制造企业根据采购计划，在实境演练中完成对原材料的采购 3. 完成费用支付

思考学习：

在购买结算时，为什么不再使用余额方式，而采用 UTXO 的方式？

UTXO 是中本聪最早在比特币中采用的一个具体的技术方案。本质上，就是只记录交易本身，而不记录交易的结果。一个 UTXO 一旦被创建，则不可分割，只能当作交易的输入被花费，花费后产生新的 UTXO，这样周而复始地实现货币的价值转移。举个例子：一个钱包中有 1 个 10 元、1 个 2 元，1 个 5 元，一共 17 元，当花 14 元买东西时，可以把 10 元和 5 元拿出去，然后得到找零的 1 元，那这个时候之前的 10 元和 5 元因为已经花出去了就不再是 UTXO 了，新找零的 1 元成为新的 UTXO，再加上之前未动的 2 元 UTXO，目前余额是 3 元。这次新的交易记录在新的区块上，但没有改变历史区块的数据。比特币使用前后链接区块链记录的所有交易记录，当之前的 UTXO 出现在后续交易的输入时，就表示这个 UTXO 已经花费了，不再是 UTXO 了。如果从第一个区块开始逐步计算所有比特币地址中的余额，就可以计算出不同时间各个比特币账户的余额。

从这个例子可以看出，UTXO 有 5 个特点：①每个 UTXO 都是独一无二的，就好像带有编码的钞票一样；②相比钞票来说，UTXO 更灵活，并没有固定面额的限制，任意数额都可以；③UTXO 是不能分割的，只能被消耗掉；④在交易前后，UTXO 的数量可能增多，也可能减少；⑤每笔交易的输入和输出都是有关系的，可以通过 UTXO 不停地往前追溯。

10. 材料入库

制造企业入库原材料，任务描述如表 4－12 所示。

表 4－12 材料入库任务

任务名称	任务描述
材料入库（制造企业）	1. 学习“库存管理”的学习资源 2. 制造企业根据采购的原材料数量在实境演练中填写入库单

11. 销售计划

商贸企业根据合同制定销售计划，任务描述如表 4－13 所示。

表4-13 销售计划任务

任务名称	任务描述
销售计划 （贸易企业）	1. 学习“销售”的学习资源 2. 贸易企业根据购销合同，在实境演练中完成销售计划的编写

12. 购买产品

贸易企业发出采购产品申请，任务描述如表4-14所示。

表4-14 购买产品任务

任务名称	任务描述
购买产品 （贸易企业）	1. 学习“品牌对产品的价值与意义”，并学习“品牌的传播对象”的学习资源 2. 贸易企业在实境演练中向签订购销合同的制造企业发出购买申请

13. 开始派工

制造企业进行生产派工，任务描述如表4-15所示。

表4-15 开始派工任务

任务名称	任务描述
开始派工 （制造企业）	1. 学习“产品加工”的学习资源 2. 制造企业根据生产计划在实境演练中填写派工单

14. 开始生产

制造企业生产产品，任务描述如表4-16所示。

表4-16 开始生产任务

任务名称	任务描述
开始生产 （制造企业）	1. 学习“生产管理”的学习资源 2. 制造企业根据合同数量在实境演练中完成对产品的生产

15. 完工入库

制造企业完工入库，任务描述如表4-17所示。

表4-17 完工入库任务

任务名称	任务描述
完工入库 （制造企业）	1. 学习“库存管理”的学习资源 2. 制造企业根据生产的产品数量在实境演练中填写入库单

16. 确认购买申请并发货

制造企业确认贸易企业的采购申请，并发货，任务描述如表4-18所示。

表 4-18　确认购买申请并发货任务

任务名称	任务描述
确认购买申请并发货（制造企业）	1. 制造企业根据与商贸企业签订的购销合同，查看商贸企业发来的购买产品申请，并核实申请与合同是否一致 2. 在实境演练中确认商贸企业发来的产品购买申请

17. 确认制造企业发来的货品

贸易企业确认制造企业发货产品数量，任务描述如表 4-19 所示。

表 4-19　确认制造企业发来的货品任务

任务名称	任务描述
确认制造企业发来的货品（贸易企业）	1. 贸易企业根据与制造企业签订的购销合同，查看制造企业发来的货物，并核实产品与合同是否一致 2. 在实境演练中确认制造企业发来的货物

18. 采购入库

贸易企业采购入库，任务描述如表 4-20 所示。

表 4-20　采购入库任务

任务名称	任务描述
采购入库（贸易企业）	1. 学习“库存管理”的学习资源 2. 根据采购的产品数量在实境演练中填写入库单

19. 购买矿机

所有角色均可以根据自己的资金情况，选择是否购买矿机，以获取挖矿奖励，任务描述如表 4-21 所示。

表 4-21　购买矿机任务

任务名称	任务描述
购买矿机（全体）	1. 学习“区块链中矿机”的学习资源 2. 两类角色根据自己在场景中的交易分析，选择是否在实境演练中购买矿机

20. 系统回收

制造企业若流动资金不足，可查看原材料出售价格，任务描述如表 4-22 所示。

表 4-22　系统回收任务

任务名称	任务描述
系统回收（制造企业）	当公司资金不足时，可以通过本任务中的实境演练查看出售原材料的价格

21. 材料出售

制造企业若流动资金不足，可出售原材料，获得资金。任务描述如表4－23所示。

表4－23 材料出售任务

任务名称	任务描述
材料出售（制造企业）	当制造企业资金不足时，可以通过本任务中的实境演练出售原材料以获得公司资金

22. 产品出售

贸易企业出售产品回收资金，任务描述如表4－24所示。

表4－24 产品出售任务

任务名称	任务描述
产品出售（贸易企业）	贸易企业根据对产品价格的市场分析，出售自己采购到的产品

23. 课程总结

全体角色分小组进行实训总结，任务描述如表4－25所示。

表4－25 课程总结任务

任务名称	任务描述
课程总结（全体）	1. 学习SWOT分析法 2. 小组讨论、展示，针对区块链技术在交易场景中的应用进行分析，将区块链在交易场景中运用的优势、劣势、机会和威胁写下来，小组发言展示

思考学习：

SWOT分析法：S，优势；W，劣势；O，机会；T，威胁。SWOT分析法是用来确定自身的竞争优势、劣势，外部的机会和威胁，从而将战略与资源、外部环境有机结合起来的一种科学的分析方法。

习　　题

1. 节点的类型有哪些？
2. 节点编号文件是在哪个文件下生成的？
3. 在哪里修改配置数据？
4. 通过什么方法可以获得私钥？
5. 通过什么方法可以获取私钥对应的公钥？
6. 在实训中，建链是在国内哪条公链上进行的？

第5章

信用流转业务实训

本章知识点

(1) 传统供应链金融的行业痛点。

(2) 区块链供应链金融业务特点。

本章以金融行业信用案例为背景，让学生切实体验区块链技术在金融行业信用流转中的实际应用。主要内容包括：供应链金融业务理论知识、传统供应链金融业务实训、区块链供应链金融业务实训。

实训分为3个阶段：

第一阶段：体验传统供应链金融业务，总结行业痛点。

第二阶段：结合传统供应链金融行业存在的痛点，以学习小组为单位，运用前面课程学习的区块链知识，进行总结归纳，形成小组的解决方案，随机选取1～2个组上台为大家进行展示，最终每个组形成学习成果进行上传，这些学习过程都会计入到大家的成绩中。在这之后由老师通过讲义向学生讲解企业的区块链应用方案，之后让学生都加入联盟链进行真实的业务体验。

第三阶段：加入联盟链，进行供应链金融业务体验。分析区块链价值与区块链金融应用中的技术创新与架构，将之前形成的小组解决方案进行完善，并优化整个方案。

5.1 信用流转理论准备

5.1.1 供应链金融理论准备

1. 供应链金融定义

供应链金融(supply chain finance, SCF)是商业银行信贷业务的一个专业领域(银行层面)，也是企业尤其是中小企业的一种融资渠道(企业层面)。它是指银行向客户(核心企业)提供融资和其他结算、理财服务，同时向这些客户的供应商提供及时收到贷款的便利，或者向其分销商提供预付款代付及存货融资服务。简单地说，SCF就是银行将核心企业和上下游企业联系在一起提供能灵活运用的金融产品和服务的一种融资模式。

2. 供应链金融产生的原因

由于交易双方都是个体，相互之间很难产生信任关系，进而导致了巨大的“信用成本”。因为这种不信任，很难做到实时的交易交割。比如，一家公司和供应商达成合作关系，必须有1～6个月的账期，不可能货到付款。为了给生产提供驱动资金，供应商又不得不去银行贷款，并为此支付利息，从而增加了生产成本。

与此同时，很多行业也很难从银行拿到贷款。以煤炭物流行业举例，银行恐怕都不太敢贷款给煤炭物流商。他们的抵押物只能是煤炭，基于这一行业的特点，银行很难准确评估抵押物的价值，整体风险承受能力受限。大企业难，中小企业更没有可能从银行拿到钱。要么需要抵押物，要么需要信用背书，中小企业得过五关斩六将才能满足银行的硬性要求并拿到贷款。而实体经济要落地生产，又需要资金作为润滑剂。

供应链金融，试图用一种新的方式来解决资金的流动问题。供应链金融中的抵押物就是应收账款或票据等交易凭证。在产业链中，常常会存在多个资金不流通的阻塞点。比如，一家大公司和供应商签了200万的采购合同，合同规定6个月后才全额支付款项。这6个月，就是账期。如果供应商遇到困难，需要资金周转怎么办？就是将这6个月的应收账款当成抵押物，拿去金融机构借钱。当然，供应商提前拿到钱，需要支付一定利息，200万可能只能拿到180万，剩下20万算利息。6个月后，大公司不再给供应商付款，而将货款200万结算给金融机构，金融机构凭此获利20万。这就是供应链金融的核心逻辑——试图打通传统产业链所有不通畅的阻塞点，让链条上的所有资金流动起来。

3. 供应链金融的主要挑战

第一，供应链金融企业的发展受制于整个供应链行业对外的低透明度。供应链所代表的是商品生产和分配所涉及的所有环节，包括从原材料到成品制成再到流通至消费者的整个过程。目前的供应链可以覆盖数百个阶段，跨越数十个地理区域，所以很难去对事件进行追踪或是对事故进行调查。买方缺少一种可靠的方法去验证及确认产品和服务的真正价值，这就意味着我们支付的价格无法准确地反映产品的真实成本。

第二，居高不下的交易成本。仍然以应收账款为例，从显性的角度考虑，传统供应链金融链涉及应付账款方、征信机构、保理机构的多方处理，花费时间长、成本高，这是由于必须由征信机构完成相应的认证和账务处理，通常至少要耗费数周时间资金才能到账，手续费用昂贵。从隐形角度考虑，为了获取一笔应收账款，交易公司通常要进行大量的调研，并在此基础上进行风控。如果标的金额太少，利息都覆盖不了成本。

第三，核心企业的“魔咒”。上述问题的出现和叠加促使核心企业登上历史舞台。核心企业起到了贯穿产业链的作用。对于核心企业来说，天生具有从事供应链金融的优势。核心企业几乎掌握了所有上下游企业的交易数据，手头握着所有的应收、应付账款，兼具天时地利人和。比如，海尔集团、迪信通等行业巨头都成立了自己的供应链金融公司，并试图用互联网的方式来提高效率、改造行业。

当前，核心企业模式是供应链金融的主要模式。核心企业在供应链金融的发展历程中具有积极意义，然而伴随着核心企业的不断发展壮大，核心企业的存在也会限制平台型企业的发展。这是因为核心企业作为供应链金融中最为重要的角色，它们的话语权和议价能力都十分强大，这就会使得很多平台型供应链金融遭遇一种尴尬：核心企业和他们达成合作，很快就会看到供应链金融的好处，进而想到“为什么这个事情我不能自己干?”于是，解除合作，开始自建团队、亲自操盘。因此，很多平台宁可放弃行业巨头，而和小公司或保理公司合作。核心企业的“魔咒”，桎梏了众多平台的发展。核心企业模式只能用于自身行业，甚至只能在自己的产业链上做文章，天花板太低。除此之外，采用核心企业模式也会出现联合诈骗的可能性。

5.1.2 商业承兑汇票

1. 商业承兑汇票的概念

商业承兑汇票是商业汇票的一种，是指收款人开出，经付款人承兑或由付款人开出并承兑的汇票。使用汇票的单位必须是在人民银行开立账户的法人，要以合法的商品交易为基础，而且汇票经承兑后，承兑人(即付款人)就有担负到期无条件支付票款的责任，同时汇票只能向银行贴现，不能流通转让。

2. 商业承兑汇票适用对象

该项业务适用于持未到期的商业承兑汇票，需现款支付的，经工商行政管理部门(或主管机关)核准登记的，信誉度较高、现金流较为充足、还款能力较强的企(事)业法人，以及其他经济组织或个体工商户。

3. 商业承兑汇票的特点

(1) 商业承兑汇票的付款期限，最长不超过6个月。

(2) 商业承兑汇票的提示付款期限，自汇票到期日起10天。

(3) 商业承兑汇票可以背书转让。

(4) 商业承兑汇票的持票人需要资金时，可持未到期的商业承兑汇票向银行申请贴现。

(5) 适用于同城或异地结算。

4. 商业承兑汇票的实际应用

在商品交易中，销货人向购货人索取货款的汇票时，存款人必须在汇票的正面签“承兑”字样，加盖银行预留印鉴。在汇票到期前付款人应向开户银行交足票款。票据贴现时，需要发票人或收票人一方拥有银行的授信票据贴现额度(保贴)，如果没有，该商票将无法贴现。汇票到期后，银行凭票从付款单位账户划转给收款人或贴现银行。汇票到期，若付款人账户不足支付，开户银行将汇票退给收款人，由收、付双方自行解决。同时对付款人比照空头支票规定，处以票面金额百分之一的罚金。

5.1.3 贴现与背书

1. 贴现

贴现指商业汇票的持票人在汇票到期日前，为了取得资金，贴付一定利息将票据权利转让给金融机构的票据行为，是金融机构向持票人融通资金的一种方式。

2. 背书

背书是指持票人为将票据权利转让给他人,或者将一定的票据权利授予他人行使,而在票据背面或者黏单上记载有关事项并签章的行为。背书按照目的不同分为转让背书和非转让背书;转让背书是以持票人将票据权利转让给他人为目的;非转让背书是将特定的票据权利给予他人行使,包括委托收款背书和质押背书。无论何种目的,都应当记载背书事项并交付票据。

3. 贴现举例

甲公司欠乙公司100000元货款,支付给乙公司一张商业承兑汇票,两个月时间到期,但是一个月后乙公司资金短缺急需用钱,怎么办?于是,乙公司便向丙银行申请贴现,丙银行根据票面金额扣除自贴现日至汇票到期日的利息,再减去贴现费用将剩余的金额付给乙公司,这样商业承兑汇票便转给了丙银行,丙银行在商业承兑汇票到期后向甲公司要钱,这个过程便是贴现。

5.1.4 票据质押

1. 票据质押

票据质押是以票据为标的物而成立的一种质权。所谓票据(本文所称的均指《票据法》中规定的票据)是指狭义的票据,由出票人签发的,承诺自己或委托他人于到期日无条件按票载的金额付款的有价证券。

票据质押所确立的,是设质背书的被背书人的一种附条件行使票据权利的资格。这种条件不是质权的成立条件,而是行使条件。也就是说,质权人只享有对票据权利行使的期待权。当设质背书完成后,被背书人虽然已经取得完整的票据权利,但是这种权利却不能马上由作为质权人的被背书人行使,必须等到条件成就时,被背书人行使票据权利方为合法。这时的条件可以理解为期限,即主债务到期的期限。在主债务到期前,票据权利人一般是不能行使票据权利的。

2. 票据质押的标的物

票据质押有别于其他的有价证券,具有以下特征:

1) 票据是一种设权证券

有价证券的一个显著特征,即它是一种权利凭证,能证明当事人权利的存在。票据这一有价证券所反映的权利是由票据行为所创设的。票据已证明的权利是票据形成后新创设的权利,不是在票据形成前所有的权利。

2) 票据是一种完全证券

权利和权利凭证合为一体的,为完全证券;权利和凭证可以分离而存在的,为不完全证券。因而票据权利人向票据债务人行使权利必须出示票据。例如,我国《票据法》第四条第二款规定:持票人行使票据权利应出示票据;票据权利人转让票据权利的,须交付票据。

3) 票据是一种无因证券

票据的签发、背书、承兑、保证等往往基于一定的原因关系。然而原因关系的无效、被撤销或者票据的签发、背书等无原因关系,并不影响票据的效力,这就是票据的无因性。

4）票据是一种要式证券

我国《票据法》第一百零八条规定："汇票、本票、支票的格式应当统一。票据凭证的格式和印制管理办法，由中国人民银行规定。"票据交易的程序，是票据签发、背书、承兑、保证等票据行为的程序。票据债务人在实施这些行为时，必须依照法律规定的方式进行，并符合法定的形式要件，否则无效。这充分说明了票据的要式性。

5）票据是一种文义证券

从票据行为的概念可以看出，票据行为属法律行为。意思表示又以效果意思、表示意思、表示行为为要素。通常表意人通过表示行为表现出来的效果意思与表意人内心的意思是一致的，然而，表示上的效果意思与内心的效果意思不一致的情形时有发生。票据是一种按票载文义确定效力的证券，即便是票据上所记载的与实际的不一致，仍应以票载的文义确定其效力。

6）票据是一种流通证券

票据从先前的主要用于银钱输送，演变为主要作为信用工具使用后，票据的流通便成为票据的主要特征之一。商事主体在暂无资金的情形下，通过票据的签发和转让做成了一笔又一笔交易，建立了一组又一组商事关系。票据对经济社会的作用和价值在其流通中得到充分的体现。

5.2 传统供应链金融实训

5.2.1 传统供应链金融实训——融资贷款模拟

1. 填写企业贷款卡

企业生产资金不足，申请企业贷款，任务描述如表5-1所示。

表5-1 申请企业贷款

任务名称	任务描述	任务数据
企业贷款卡申请（全体）	1. 学习企业贷款卡的概念与填写方式 2. 根据所学结合场景和任务数据，在实境演练中完成企业贷款卡的申请	基本数据：你刚签订一笔2 200万元的合同，作为乙方的你需要生产1 000辆汽车，合同中规定，甲方只需支付200万元的定金，剩余尾款需在甲方签收货物之后才能付清，同时甲方要求你要在3个月内完成交货。目前你公司账户上的流动资金为800万元，加上定金200万元，一共是1 000万元，只能生产出500辆汽车，现在你需要去银行申请1 000万元的贷款，用来完成其余500辆汽车的生产（不考虑复杂经营因素）

思考学习：

企业贷款卡是指中国人民银行发给借款人或担保人，用于企业征信系统的磁条卡，是借款人向金融机构申请办理信贷业务或请担保人提供担保的资格证明。贷款卡记录了贷款卡编码及密码，是商业银行登录"企业征信系统"查询客户资信信息的凭证。取得贷款卡并不意味客户能马上获得银行贷款，关键看企业的资信状况是否满足贷款银行的要求。

企业贷款卡的信息要素：

(1) 申领贷款卡的企业(单位)、个人，在市政府网站上下载《资产负债表》《利润及利润分配表》《现金流量表》，填报数据拷贝后，到注册地人民银行办理申请领卡手续；

(2) 不同类型借款人携带下列证件到人民银行办理申请领卡手续：①《贷款卡申请书》；②已办理当年年检的《营业执照》原件及复印件；③企业的《注册资本验资报告》原件及复印件，或有关注册资本来源的证明材料；④领卡时上年度及上月的《资产负债表》《利润表》《现金流量表》，并须加盖公章；⑤法人身份证复印件；⑥股东身份证明复印件；⑦经办人身份证原件及复印件；⑧公司章程；⑨人民银行核发的《基本账户开户许可证》原件及复印件。

2. 提交授信申请书

全体角色根据实训数据填写授信申请书，任务描述如表 5-2 所示。

表 5-2　提交授信申请书

任务名称	任务描述	任务数据
提交授信申请书	1. 学习授信申请的概念与填写方式 2. 根据所学，结合场景和任务数据，在实境演练中完成对公授信业务申请书的填写	1. 基本数据：你刚签订一笔 2200 万元的合同，你需要生产 1000 辆汽车，合同只要求甲方支付 200 万元的定金，尾款需在甲方签收货物之后才能付清，并要求 3 个月后交货。目前公司流动资金 1000 万元，只能生产出 500 辆汽车，现在你需要去银行贷款 1000 万元完成其余 500 辆汽车的生产 2. 公司名称：自定义 3. 法定代表人：自定义 4. 授信时间：系统时间

3. 提交营业执照

全体角色提交营业执照，任务描述如表 5-3 所示。

表 5-3　提交营业执照

任务名称	任务描述	任务数据
提交营业执照	1. 学习营业执照的作用 2. 根据所学，结合场景和任务数据，在实境演练中完成对营业执照的填写	1. 基本数据：你刚签订一笔 2200 万元的合同，你需要生产 1000 辆汽车，合同只要求甲方支付 200 万元的定金，尾款需在甲方签收货物之后才能付清，并要求 3 个月后交货。目前公司流动资金为 1000 万元，只能生产出 500 辆汽车，现在你需要去银行贷款 1000 万元完成其余 500 辆汽车的生产 2. 公司名称：自定义 3. 法定代表人：自定义 4. 经营范围：从基本任务数据中提取

4. 提交公司章程

全体角色提交公司章程，任务描述如表 5-4 所示。

表 5-4　提交公司章程

任务名称	任务描述	任务数据
提交公司章程	1. 学习公司章程的作用与意义 2. 根据所学，结合场景和任务数据，在实境演练中完成对公司章程的填写	1. 基本数据：与表 5-2 任务数据相同 2. 公司名称：自定义 3. 法定代表人与股东姓名：自定义 4. 认缴情况：1 000 万 5. 出资期限：自定义 6. 住所：自定义

5. 提交法人身份证及证明

全体角色提交法人身份证及证明，任务描述如表 5-5 所示。

表 5-5　提交法人身份证及证明

任务名称	任务描述	任务数据
提交法人身份证及证明	1. 学习法定代表人的定义、特征、职责与意义 2. 根据所学，结合场景和任务数据，在实境演练中完成对法定代表人/负责人证明的填写	1. 基本数据：与表 5-2 任务数据相同 2. 其他数据：自定义

6. 提交纳税申报表

全体角色提交纳税申报表，任务描述如表 5-6 所示。

表 5-6　提交纳税申报表

任务名称	任务描述	任务数据
提交纳税申报表	1. 学习纳税申请表的定义与填写方式 2. 根据所学，结合场景和任务数据，在实境演练中完成对增值税纳税申报表的填写	1. 基本数据：与表 5-2 任务数据相同 2. 其他数据：自定义

7. 提交审计报告

全体角色提交审计报告，任务描述如表 5-7 所示。

表 5-7　提交审计报告

任务名称	任务描述	任务数据
提交审计报告	1. 学习审计报告的不同种类与财务报表的填写方式 2. 根据所学，结合场景和任务数据，在实境演练中完成对资产负债表、利润表、现金流量表的填写	1. 基本数据：与表 5-2 任务数据相同 2. 其他数据：自定义

8. 提交股东简况及占比

全体角色提交股东简况及占比，任务描述如表5－8所示。

表5－8　提交股东简况及占比

任务名称	任务描述	任务数据
提交股东简况及占比	1. 学习股东的含义、权利、义务、作用，及股东的主要分类 2. 根据所学，结合场景和任务数据，在实境演练中完成对单位概况表的填写	1. 基本数据：与表5－2任务数据相同 2. 其他数据：自定义

9. 提交对公账户流水

全体角色提交对公账户流水，任务描述如表5－9所示。

表5－9　提交对公账户流水

任务名称	任务描述	任务数据
提交对公账户流水	1. 学习对公账户流水的含义、分类 2. 根据所学结合场景，在实境演练中完成对客户交易明细清单的填写，注意查询起日是3年前	1. 基本数据：与表5－2任务数据相同 2. 其他数据：自定义

10. 提交合同订单明细

全体角色提交合同订单明细，任务描述如表5－10所示。

表5－10　提交合同订单明细

任务名称	任务描述	任务数据
提交合同订单明细	1. 学习合同的作用与我国法律对合同的规定 2. 根据所学，结合场景和任务数据，在实境演练中完成企业贷款卡的申请	1. 基本数据：与表5－2任务数据相同 2. 其他数据：自定义

11. 提交上下游客户情况

全体角色提交上下游客户情况，任务描述如表5－11所示。

表5－11　提交上下游客户情况

任务名称	任务描述	任务数据
提交上下游客户情况	1. 学习上下游客户的含义与拓展资料 2. 根据所学，结合场景和任务数据，在实境演练中完成上下游客户情况表的填写	1. 基本数据：与表5－2任务数据相同 2. 其他数据：自定义

12. 征信查询

全体角色进行征信查询，任务描述如表5-12所示。

表5-12 征信查询

任务名称	任务描述	任务数据
征信查询	1. 学习征信的由来、应用与意义 2. 根据所学，结合场景和任务数据，在实境演练中完成查阅个人征信授权书	在你提交完全部贷款资料之后，中国科技银行的工作人员需要去中国人民银行征信中心信用信息服务平台查询你公司和法人的征信记录，看看是否有违约等不良记录，现在请填写个人与企业的查询征信授权书

13. 授信调查报告

全体角色提交授信调查报告，任务描述如表5-13所示。

表5-13 授信调查报告

任务名称	任务描述	任务数据
授信调查报告	1. 学习授信评级的意义、作用，与授信调查报告的撰写方式 2. 根据所学，结合场景和任务数据，在实境演练中完成授信调查报告的填写，向教师领取授信调查报告纸质版并填写完成	现在你是一名中国科技银行的贷款客户经理，你刚刚在中国人民银行征信中心信用信息服务平台查询了一家公司的征信记录，现在你需要通过查看该公司提交的贷款资料，编写中国科技银行内部的授信调查报告，全面阐述该公司的情况，为银行的授信审批工作提供详细参考

思考学习：

(1) 授信调查报告是银行在对客户授信之前，对客户的组织架构、股东情况、关联企业、公司治理情况、财务状况、项目本身生产运营情况、贷款用途、偿还贷款能力，以及贷款收益等项目进行综合考察分析后，对客户进行信用等级评定，进而提出授信额度建议的书面材料。

(2) 使用价值：①保证商业银行资金的安全性，授信调查报告是在综合考察客户各项指标的基础上编制而成的，其中的信用评级和授信建议具有客观性、真实性，以此作为银行决定是否授信、授信多少的唯一依据，能够在很大程度上保证银行贷出资金的安全性；②为提高商业银行资金的收益性，授信调查报告的考察内容之一是贷出资金的收益率，在客户之间进行横向比较后，银行可以把资金授信给风险较小而收益率较高的企业，从而取得更高的利息收入；③简化贷款程序，在授信范围内提高业务效率，客户向银行贷款的程序被简化。一次授信，循环使用，在约定的时间和额度内随借、随用、随还。这一方面方便了客户融资，另一方面也提高了银行贷款业务的工作效率。

(3) 授信报告的格式、内容要求：一份授信调查报告平均在50页左右；授信报告里面的内容可以依据大家前面做的任务结果填写，财务数据要依据自己提交的审计报告中的对应项目进行填写。

(4) 信用等级评级：依据之前提交的审计报告来评判企业的授信评级。

(5) 授信的有效期为1年。

（6）信用评级最终结论：账户类型有基本户、一般户。

14. 部门经理审核

部门经理审核，任务描述如表5-14所示。

表5-14　部门经理审核

任务名称	任务描述	任务数据
部门经理审核	1. 学习授信调查报告的审批流程 2. 根据所学，结合场景和任务数据，在实境演练中完成授信调查报告的填写	现在你是一名中国科技银行的贷款部门经理，刚刚你收到下级客户经理发起的对一家公司的授信审批流程批示申请，你收到了他提交的相关资料和授信调查报告，请仔细阅读后，完成流程批示工作

15. 支行行长审核

支行行长审核，任务描述如表5-15所示。

表5-15　支行行长审核

任务名称	任务描述	任务数据
支行行长审核	1. 学习授信调查报告的审批流程 2. 根据所学，结合场景和任务数据，在实境演练中完成授信调查报告的填写	现在你是一名中国科技银行的支行行长，刚刚你收到下级部门经理提交的相关资料和授信调查报告，请仔细阅读后，完成流程批示工作

16. 分行评审员审核

分行评审员审核，任务描述如表5-16所示。

表5-16　分行评审员审核

任务名称	任务描述	任务数据
分行评审员审核	1. 学习授信调查报告的审批流程 2. 根据所学，结合场景和任务数据，在实境演练中完成授信调查报告的填写	现在你是一名中国科技银行的分行评审员，刚刚你收到下属支行提交的相关资料和授信调查报告，请仔细阅读后，完成流程批示工作

17. 评审大会审核

评审大会审核，任务描述如表5-17所示。

表5-17　评审大会审核

任务名称	任务描述	任务数据
评审大会审核	1. 学习授信调查报告的审批流程 2. 根据所学，结合场景和任务数据，在实境演练中完成授信调查报告的填写，并组织同组的伙伴召开评审大会	现在你是一名中国科技银行的分行评审会委员，刚刚你收到下级评审员提交的相关资料和授信调查报告，请仔细阅读后，参加\召开分行评审大会，完成流程批示工作

思考学习：

（1）评审大会分组，以小组为单位开展一次授信评审大会。

（2）评审大会概念：评审会由对待审议项目进行评估考核并打分的人员组成。针对行业待审议项目领域、项目性质，以及项目进展的不同，评审会的组成也有所不同。一般情况下，商业项目评审会由待审议项目行业内的知名专家、政府分管部门领导组成。他们对项目进行全面评估后，给出项目能否通过或执行的最后决议。在银行里，一般是分行主管信贷的副行长做评审官，其他部门主管作为评审员对企业进行全面评估，做出最后决议。如果金额较大，例如1亿元以上，还需上报总行再进行一次评审。

（3）评审大会组织过程：评审官组织小组开展评审活动，每一名评审员分别发言2 min，依据授信调查报告，向大家讲述自己所审核公司的情况，其他人对其描述可以进行询问和质疑，之后进行打分。自己审核的公司，自己不能参与评分。最后，评审官进行总结性发言，并将所有评审员的评审表进行汇总，完成汇总表，并写出会议总结。

（4）评审主要要素：①还款能力，判断该企业是否拥有还款能力，可以通过分析财务报表中的相关数据得出；②借款用途，判断该公司的借款用途，是否会出现资金挪用的可能性；③短贷长用，1年内的是短贷，超过1年是长贷；判断该公司是否存在以借短贷的名义实际当长贷使用；④多头授信，判断该公司是否用同一原因向多家银行申请贷款，通过征信查询进行判断；⑤财务报表，直接反映企业经营状况。

18. 申请贷款加急

申请贷款加急，任务描述如表5－18所示。

表5－18　申请贷款加急

任务名称	任务描述	任务数据
申请贷款加急	1. 学习授信评级与不动产的概念 2. 根据所学，结合场景和任务数据，在实境演练中完成贷款加急申请	距离你提交征信授权书，时间已经过去1个月了，银行贷款审批迟迟没有结果，还有不到两个月合同就到期了，你再次来到中国科技银行，找到你的客户经理向他申请加急办理

19. 签订授信贷款合同

全体角色签订授信贷款合同，任务描述如表5－19所示。

表5－19　签订授信贷款合同

任务名称	任务描述	任务数据
签订授信贷款合同	根据所学，结合场景和任务数据，在实境演练中完成贷款合同的填写	根据前期贷款申请资料，填写好贷款合同

5.2.2 传统供应链金融实训——商票贴现模拟

1. 签订购销合同

全体角色签订购销合同，任务描述如表5－20所示。

表5-20 签订购销合同

任务名称	任务描述	任务数据
签订购销合同	1. 学习商业承兑汇票的含义、适用对象、特点与实际应用 2. 根据所学,结合场景和任务数据,在实境演练中填写购销合同	今天你刚完成一笔2 200万元的合同签订,你需要生产100辆汽车,合同规定甲方只需在收到货后支付给你一张商业承兑汇票,账期为6个月,到期承兑。目前公司流动资金为2 000万元(不考虑复杂经营因素),请完成合同签订

2. 生产加工

全体角色生产加工,任务描述如表5-21所示。

表5-21 生产加工

任务名称	任务描述	任务数据
生产加工	1. 学习生产方面的知识 2. 根据所学,结合场景和任务数据,在实境演练中完成生产	今天你刚完成一笔2 200万元的合同签订,你需要生产100辆汽车,请完成汽车生产

3. 发货

全体角色发货,任务描述如表5-22所示。

表5-22 发货

任务名称	任务描述	任务数据
发货	1. 学习质量管理方面的知识 2. 根据所学,结合场景和任务数据,在实境演练中完成发货	完成100辆汽车的发货

4. 接收汇票

全体角色接收汇票,任务描述如表5-23所示。

表5-23 接收汇票

任务名称	任务描述	任务数据
接收汇票	1. 学习企业贷款卡的概念与填写方式 2. 根据所学,结合场景和任务数据,在实境演练中完成企业贷款卡的填写	发货一周后,甲方确认收货,此时对方将一张票面价值2 200万元的商业承兑汇票发给了你,请及时接收

5. 签订采购合同

全体角色签订采购合同,任务描述如表5-24所示。

表 5-24 签订采购合同

任务名称	任务描述	任务数据
签订采购合同	1. 学习贴现的含义、贴现息及利率计算 2. 根据所学，结合场景和任务数据，在实境演练中完成采购合同的签订	时间又过去了 3 个月，这时有一家企业想要和你签订一笔总金额为 1 800 万元，生产 85 辆汽车的订单，3 个月内交货，合同规定甲方只需在收到货后支付给你一张商业承兑汇票，账期为 6 个月，到期承兑(不考虑复杂经营因素)

5.2.3 传统供应链金融实训——商票质押模拟

1. 承兑汇票

全体角色承兑汇票，任务描述如表 5-25 所示。

表 5-25 承兑汇票

任务名称	任务描述	任务数据
承兑汇票	1. 学习贴现背书的含义与背书的方式 2. 根据所学，结合场景和任务数据，在实境演练中完成对商业承兑汇票的操作	一周前你完成了一笔订单的发货任务，今天对方确认收货后，你收到了一张票面价值 2 200 万元的商业承兑汇票，账期为 6 个月，现在请接收你的商票

2. 签订购销合同

全体角色签订购销合同，任务描述如表 5-26 所示。

表 5-26 签订购销合同

任务名称	任务描述	任务数据
签订购销合同	根据所学，结合场景和任务数据，在实境演练中完成购销合同的签订	半个月后，你凭借优秀的客户关系再次从老客户那里拿到一笔 2 200 万元的合同订单，生产 100 辆汽车，合同规定甲方只需在收到货后支付给你一张商业承兑汇票，账期为 6 个月，到期承兑(不考虑复杂经营因素)，请完成合同签订

3. 办理商票质押拆分

全体角色办理商票质押拆分，任务描述如表 5-27 所示。

表 5-27 办理商票质押拆分

任务名称	任务描述	任务数据
办理商票质押拆分	1. 学习贴现票据质押的概念与票据质押的标的物 2. 根据所学，结合场景和任务数据，在实境演练中完成商业承兑汇票的质押	由于你的流动资金不足，生产所需的 4 种原材料有 3 种需要采购，所以你需要去银行办理商业承兑汇票质押拆分，将一张 2 200 万元的商票拆分成 4 张，其中 3 张用来支付给原材料供应商(不考虑复杂经营因素)，请办理业务

4. 购买原材料

全体角色购买原材料，任务描述如表 5-28 所示。

表 5-28　购买原材料

任务名称	任务描述	任务数据
购买原材料	1. 学习原材料管理与采购的知识 2. 根据所学，结合场景和任务数据，在实境演练中完成对原材料的购买	根据购销合同中 100 辆汽车的生产条款，采购轮胎、发动机、座椅、车桥等 4 种原材料

5. 生产加工

全体角色生产加工，任务描述如表 5-29 所示。

表 5-29　生产加工

任务名称	任务描述	任务数据
生产加工	1. 学习生产方面的知识 2. 根据所学，结合场景和任务数据，在实境演练中完成生产	在系统中完成 100 辆汽车的生产

6. 发货

全体角色发货，任务描述如表 5-30 所示。

表 5-30　发货

任务名称	任务描述	任务数据
发货	1. 学习质量管理方面的知识 2. 根据所学，结合场景和任务数据，在实境演练中完成发货	在系统中完成 100 辆汽车的发货

7. 行业痛点总结

全体角色分小组进行行业痛点总结并分享，任务描述如表 5-31 所示。

表 5-31　行业痛点总结

任务名称	任务描述	任务数据
行业痛点总结	根据所学，结合场景，与同伴讨论，并在实境演练中进行针对以上体验中的行业痛点的总结	通过上面的实景演练，请你结合学习资源中的 PPT，进行行业痛点总结，要求 50 字以内，内容在系统中提交

思考学习：

供应链金融行业的痛点是什么？

1) 信用无法传递——融资难

在传统供应链金融中，最重要的就是依托核心企业的信用，服务其上下游中小企业，但是在多级供应商模式中，一级之后的供应商无法依托核心企业的信用做金融，信用无法传递给需要金融服务的中小企业，造成融资难、融资贵。

2）应收无法变现——贴现难

供应链中，核心企业拥有绝对话语权，他与供应商之间签订合同，通常需要供应商垫资生产，同时在收到货之后支付的却是长达6个月账期的商业承兑汇票。而供应商想要进行贴现，必须要拥有银行的授信额度，对于大部分中小企业来说非常困难，而且即便是到了承兑时间，也没有强有力的回款保障。

3）商票不能拆分——流转难

在核心企业支付的过程中，付款方式大多数是商票，由于商票具有不可拆分的属性，只能完整地背书转让。

8. 解决方案

全体角色分小组制定解决方案并分享，任务描述如表5-32所示。

表5-32　解决方案

任务名称	任务描述	任务数据
解决方案	根据所学，结合场景和任务数据，与同伴讨论并提出针对以上体验中存在的行业痛点的解决方案，并将方案在实境演练中上传	将解决方案在实境演练中上传

思考学习：

供应链金融行业痛点解决方案参考。

1）分布式账本技术使信息对称

分布式账本技术让多个参与方加入链条中，共享交易数据、应收应付数据，同时又能做到隐私保护，数据只让有权限的企业看到。在后面的区块链应用体验中，让学生全部加入联盟链，在竞选供应商时可以通过单击头像，查询上链的相应信息，包括历史交易数据、违约次数等。

2）分布式账本技术使核心企业信用可传递

将记录在区块链上的应付账款，通过付款承诺与应收账款债权转让的形式，将核心企业的付款承诺（表现形式：商票）在链条上的多级供应商间形成流转，传递核心企业信用给需要融资的中小企业。由于分布式账本的存在，供应链上企业上下游的应收应付能够共享核心企业的信用，使得基于核心企业应付账款下的付款承诺可以流转到多级供应商，链条上的任意供应商融资都可以享受到核心企业的优质信用，降低整个链条的融资成本。

3）区块链中信息不可篡改，智能合约使风险可控

区块链具有不可篡改的特性，核心企业信用经过多个供应商流转后不衰减，核心企业付款后，资金将按智能合约的规则自动清算，资金提供方有良好的回款保障。

5.3 基于区块链技术的信用流转业务实训

下面将进入实训环境，体验基于区块链技术的信用流转业务。

5.3.1　创建联盟链服务

全体角色创建联盟链服务，任务描述如表 5-33 所示。

表 5-33　创建联盟链服务

任务名称	任务描述	任务数据
创建联盟链服务	1. 学习联盟链的概念与应用 2. 在实境演练中完成加入联盟链的操作	1. 最近一年，受大环境影响，你的长期合作伙伴都加入了由区块链技术作为底层技术的联盟链平台，为更好开展业务，现在请你也加入联盟链 2. 联盟链服务提供者为：Hyperledger Fabic 服务平台 3. 其他数据：自定义填写

思考学习：

1）联盟链定义

联盟链是指参与的每个节点的权限都完全对等，各节点可以在不需要完全信任的情况下实现数据的可信交换，联盟链的各个节点通常有与之对应的实体机构组织，通过授权后才能加入或退出网络。联盟链是一种公司与公司、组织与组织之间达成联盟的模式。

2）常见联盟链

以 R3、Hyperledger、金链盟为代表的联盟链，强调同业或跨行业间的机构或组织间的价值与协同的强关联性，以及联盟内部的弱中心化；以降低成本、提升效率为主要目标。以强身份许可、安全隐私、高性能、海量数据等为主要技术特点。一般而言，联盟链的共识节点均是可验证身份的，并拥有高度治理结构的协议或商业规则。如果出现异常状况，可以启用监管机制和治理措施做出跟踪惩罚或进一步的治理，以减少损失。

3）联盟链创建流程

创建联盟链有 4 个步骤：①新建联盟链主要完成联盟链的命名以及相关描述。②添加节点，主要是加入联盟链的各个参与方。目前添加节点有 3 种方式，即购买节点，添加已关联节点，关联已有机器。③联盟链的发起方邀请其他链上的参与方进入联盟链，发起方在邀请其他机构进入联盟链时，根据被邀请方是否需要自带节点进入联盟链可分为两类，即分配节点和自带节点。④启动一条联盟链至少需要 4 个节点。当满足该条件时，即可启动运行一条联盟链。

4）联盟链的优点

目前，最有实践意义的可能是联盟链。相较于私有链的运作空间和效率，联盟链的价值更大；而相较于公有链的那种完全去中心化的不可控和隐私安全问题，联盟链更灵活，也更具有可操作性。

5.3.2 安装链码

全体角色安装链码，任务描述如表 5-34 所示。

表 5-34 安装链码

任务名称	任务描述	任务数据
安装链码	在实境演练中完成加入联盟链的操作	在平台中，下载 Hyperledger Fabic 链码

5.3.3 接收历史商票

全体角色接收历史商票，任务描述如表 5-35 所示。

表 5-35 接收历史商票

任务名称	任务描述	任务数据
接收历史商票	1. 学习票据与区块链技术结合知识 2. 在实境演练中接收历史商票 3. 将商标上链	一个月前你完成了一笔订单的发货任务，对方确认收货后，你收到了一张票面价值 1 000 万元的商业承兑汇票，账期为 6 个月，现在请接收你的商票

5.3.4 生成公钥、私钥

全体角色生成自己的公钥、私钥，任务描述如表 5-36 所示。

表 5-36 生成公钥、私钥

任务名称	任务描述	任务数据
公钥、私钥	在实境演练中生成自己的公钥和私钥	以实训者个人姓名作为生成公钥、私钥的数据

5.3.5 核心企业签订电子合同

核心企业角色根据中标的数据签订电子合同，任务描述如表 5-37 所示。

表 5-37 核心企业签订电子合同

任务名称	任务描述	任务数据
核心企业签订电子合同（核心企业）	在实境演练中完成自己中标得到的购销合同	恭喜你被选中为核心企业，你刚完成了产品采购的招标，现在你需要采购 1 000 件货品，你已经获得银行授予的信用凭证。请开始寻找你的供应商

思考学习：

核心企业、一级供应商与二级供应商的产生规则。

（1）核心企业：班级 20 个人，模块成绩排行榜第一名的自动成为核心企业，以此类推，班级 40 个人产生 2 名，班级 60 个人产生 3 名。

（2）一级供应商：1 个核心企业下面产生 3 名一级供应商。班级 20 个人有 3 名，班级 40 个人有 6 名，班级 60 个人有 9 名。

（3）二级供应商：1 个一级供应商下面产生 2～6 名二级供应商。

5.3.6　核心企业编写智能合约

核心企业角色编写智能合约，任务描述如表 5－38 所示。

表 5－38　核心企业编写智能合约

任务名称	任务描述	任务数据
核心企业编写智能合约（核心企业）	1. 学习智能合约的工作原理与工作流程 2. 在实境演练中完成智能合约的签订，并完成合约上链	1. 核心企业所编写的智能合约能够实现：当核心企业发货后，商业承兑汇票自动发放到自己的账户 2. 核心企业需要编写 3 个合约：发货合约、接收商业承兑汇票合约、按期自动承兑汇票合约

思考学习：

（1）编写智能合约要素：①合约名称，在输入框中输入自己的合约名字；②标的描述，对合约的内容进行简单描述；③合约主体，在合约中参与的合约方，包括甲方、乙方；④合约规则，根据合同、业务、制度、规则等进行规则的设置；⑤合约执行条件，选择合约执行的触发条件。

（2）核心企业编写智能合约示例，如图 5－1 所示。

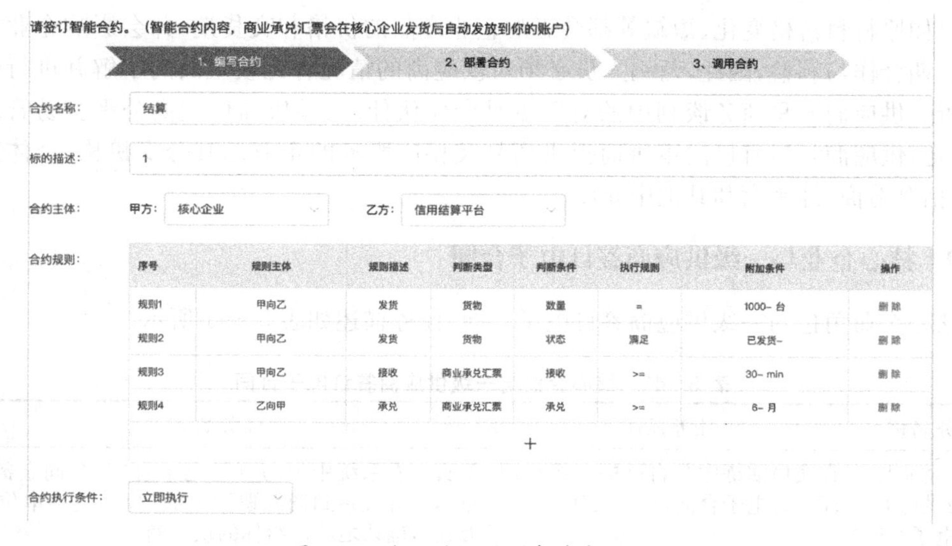

图 5－1　核心企业编写智能合约示例

5.3.7 核心企业选择一级供应商

核心企业角色选择一级供应商，任务描述如表5-39所示。

表5-39 核心企业选择一级供应商

任务名称	任务描述	任务数据
核心企业选择一级供应商（核心企业）	1. 核心企业寻找3名一级供应商 2. 在班级中寻找同伴成为自己的一级供应商，并通过实境演练确认招募	恭喜你成为联盟链上的核心企业，就在刚刚你拿下了政府的产品采购招标合同，订单金额高达1亿元，你需要生产汽车1000辆，利润达到20%（不考虑复杂经营因素），作为核心企业，你已获得银行的授信额度与信用凭证。请开始寻找你的一级供应商

5.3.8 竞选一级供应商

除核心企业外，其余角色竞选一级供应商，任务描述如表5-40所示。

表5-40 竞选一级供应商

任务名称	任务描述	任务数据
竞选一级供应商（其余角色）	1. 学习核心企业与供应商的概念 2. 通过查看实境演练确认自己的身份角色	恭喜你成为联盟链上的一名供应商，此时链上的核心企业刚刚拿下了政府的产品采购招标合同，订单金额高达1亿元，需要生产出汽车1000辆，利润达到20%（不考虑复杂经营因素），请赶紧去竞选他的一级供应商，争取拿到一笔大单

思考学习：

供应商概念：供应商是向企业及其竞争对手供应各种所需资源的企业和个人，包括提供原材料、设备、能源、劳务和资金等。它们的情况如何会对企业的营销活动产生巨大的影响。如原材料价格变化、短缺等都会影响企业产品的价格和交货期，并会影响企业与客户的长期合作与利益，因此，营销人员必须对供应商的情况有比较全面的了解并进行透彻的分析。供应商既是商务谈判中的对手更是合作伙伴。《零售商供应商公平交易管理办法》规定：供应商是指直接向零售商提供商品及相应服务的企业及其分支机构、个体工商户，包括制造商、经销商和其他中介商。

5.3.9 核心企业与一级供应商签订电子合同

核心企业角色与一级供应商签订电子合同，任务描述如表5-41所示。

表5-41 核心企业与一级供应商签订电子合同

任务名称	任务描述	任务数据
核心企业与一级供应商签订电子合同（核心企业）	在实境演练中与自己的一级供应商签订电子合同，加密发送	认真查看系统中填写好的电子合同，合同金额、数量信息等关系到商票票面金额（金额最小单位100万元），确认之后发给你的供应商

特别注意：合同在上链过程中，选择公钥、私钥加密时，必须确认无误再操作。

5.3.10　一级供应商与核心企业签订电子合同

一级供应商角色与核心企业签订电子合同，任务描述如表 5-42 所示。

表 5-42　一级供应商与核心企业签订电子合同

任务名称	任务描述	任务数据
一级供应商与核心企业签订电子合同（一级供应商）	在实境演练中与核心企业签订电子合同，上链	认真查看系统中填写好的电子合同信息，并确认

5.3.11　一级供应商编写智能合约

一级供应商角色编写智能发货、接收承兑汇票、自动承兑汇票 3 个合约，任务描述如表 5-43 所示。

表 5-43　一级供应商编写智能合约

任务名称	任务描述	任务数据
一级供应商编写智能合约（一级供应商）	1. 学习智能合约的工作原理与工作流程 2. 在实境演练中完成智能合约的签订，并完成合约上链	1. 一级供应商所编写的智能合约能够实现：当一级供应商发货后，商业承兑汇票自动发放到自己的账户 2. 一级供应商企业需要编写 3 个合约：发货合约、接收商业承兑汇票合约、按期自动承兑汇票合约

思考学习：

一级供应商编写智能合约示例，如图 5-2 所示。

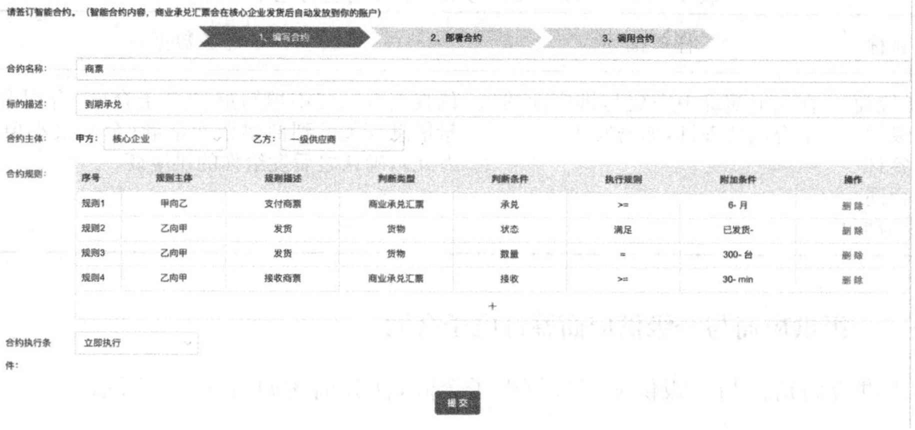

图 5-2　一级供应商编写智能合约示例

5.3.12 一级供应商选择二级供应商

一级供应商角色选择二级供应商，任务描述如表 5－44 所示。

表 5－44 一级供应商选择二级供应商

任务名称	任务描述	任务数据
一级供应商选择二级供应商（一级供应商）	1. 本任务一级供应商要选择 2～5 名二级供应商 2. 在班级中寻找成为自己供应商的同学，并通过实境演练确认招募	1. 你现在是一名一级供应商，需要生产 300 辆汽车，由于产能不足，此时您需要寻找二级供应商 2. 寻找 2～5 名供应商

5.3.13 竞选二级供应商

全角色竞选二级供应商，任务描述如表 5－45 所示。

表 5－45 竞选二级供应商

任务名称	任务描述	任务数据
竞选二级供应商（全角色）	1. 本任务讲解核心企业与供应商的概念 2. 通过查看实境演练确认自己的身份	恭喜你成为联盟链上的一名供应商，此时链上的核心企业刚刚拿下了政府的产品采购招标合同，订单金额高达 1 亿元，需要采购生产出汽车 1 000 辆，利润达到 20%（不考虑复杂经营因素），请赶紧去竞选二级供应商，争取拿到一笔大单

5.3.14 一级供应商与二级供应商签订电子合同

一级供应商角色与二级供应商签订电子合同，任务描述如表 5－46 所示。

表 5－46 一级供应商与二级供应商签订电子合同

任务名称	任务描述	任务数据
一级供应商与二级供应商签订电子合同（一级供应商）	在实境演练中完成与供应商的电子合同的签订，加密发送	认真查看系统中填写好的电子合同，合同金额、数量信息等关系到商票票面金额（金额最小单位 100 万元），确认之后发给你的供应商

5.3.15 二级供应商与一级供应商签订电子合同

二级供应商角色与一级供应商签订电子合同，任务描述如表 5－47 所示。

表 5 - 47　二级供应商与一级供应商签订电子合同

任务名称	任务描述	任务数据
二级供应商与一级供应商签订电子合同（二级供应商）	在实境演练中完成与一级供应商的电子合同的签订，上链	认真查看系统中填写好的电子合同信息，并确认

5.3.16　二级供应商编写智能合约

二级供应商角色编写智能合约，任务描述如表 5 - 48 所示。

表 5 - 48　二级供应商编写智能合约

任务名称	任务描述	任务数据
二级供应商编写智能合约（二级供应商）	1. 学习智能合约的工作原理与工作流程 2. 在实境演练中完成智能合约的签订，并完成合约，上链	1. 二级供应商所编写的智能合约能够实现：当二级供应商发货后，商业承兑汇票自动发放到自己的账户 2. 二级供应商企业需要编写 3 个合约：发货合约、接收商业承兑汇票合约、按期自动承兑汇票合约

思考学习：

二级供应商编写智能合约示例，如图 5 - 3 所示。

图 5 - 3　二级供应商编写智能合约示例

5.3.17　商业汇票贴现

全体角色商业汇票贴现，任务描述如表 5 - 49 所示。

表 5－49　商业汇票贴现

任务名称	任务描述	任务数据
商业汇票贴现（全角色）	1. 学习商业承兑汇票贴现知识 2. 根据自己购买原材料需要的资金，在实境演练中完成对商票的贴现	私钥解密商业汇票，查看金额，并贴现

5.3.18　购买原材料

全体角色购买原材料，任务描述如表 5－50 所示。

表 5－50　购买原材料

任务名称	任务描述	任务数据
购买原材料（全角色）	1. 本任务介绍原材料管理与采购的知识 2. 根据所学，结合场景，在实境演练中完成对原材料的购买	1. 准备生产时发现 3 种原材料不足，需要向 3 家二级供应商采购，由于资金不足，希望用商票支付给 3 家企业 2. 根据购销合同，采购原材料

5.3.19　生产加工

全体角色生产加工，任务描述如表 5－51 所示。

表 5－51　生产加工

任务名称	任务描述	任务数据
生产加工（全角色）	1. 本任务介绍生产方面的知识 2. 根据所学，结合场景，在实境演练中完成生产	按购销合同数量生产汽车

5.3.20　收货

全体角色收货，任务描述如表 5－52 所示。

表 5－52　收货

任务名称	任务描述	任务数据
收货（全角色）	督促自己的供应商为自己发货，并在实境演练完成收货	1. 按购销合同数量收货 2. 调用智能合约，支付商业承兑汇票

5.3.21　发货

全体角色发货，任务描述如表 5－53 所示。

表5-53 发货

任务名称	任务描述	任务数据
发货（全角色）	根据所学，结合场景，在实境演练中完成发货	按购销合同数量发货

5.3.22 智能合约调用接收商业汇票

全体角色调用智能合约接收商业汇票，任务描述如表5-54所示。

表5-54 智能合约调用接收商业汇票

任务名称	任务描述	任务数据
智能合约调用接收商业汇票（全角色）	1. 学习通过调用智能合约进行到期票据承兑 2. 在实境演练中接收商业汇票并完成智能合约的手动调用	1. 根据购销合同约定时间，对承兑日期进行调整 2. 调用合约结算，进行调用合约承兑

5.3.23 查看链上票据流转

全体角色查看链上票据流转，任务描述如表5-55所示。

表5-55 查看链上票据流转

任务名称	任务描述	任务数据
查看链上票据流转（全角色）	1. 学习在联盟链上查询调取业务相关数据 2. 在实境演练中查看票据流转的流程	顺利完成招标任务，你获得收益，奖励20金币

5.3.24 课程总结

全体角色分小组进行实训总结，任务描述如表5-56所示。

表5-56 课程总结

任务名称	任务描述	任务数据
课程总结（全角色）	分小组讨论区块链在金融领域的价值、应用场景	无

思考学习：

结论一：区块链对于供应链金融的价值在于信任传递。以本实训为例，在“查看票据流转”中可以看到，在核心企业发货之后，通过智能合约将所有企业的应收票据进行自动化清算，整个票据的拆分流转全部显性化展示，达到区块链的可追溯功能。

结论二:通过区块链驱动下的供应链金融创新,将带给企业更大的价值和社会意义。

(1) 降低整个产业的融资成本。

(2) 区块链是优质资产的“挖掘机”。

(3) 穿透式监管,推动供应链金融健康稳定发展。

(4) “产业互联网+企业自金融”吸引资金进入实体经济。

结论三:区块链天然适合改造传统金融业务。

(1) 在供应链上,重点包括3个方面:①区块链共享账本降低了供应链上多方贸易真实性调查的成本;②智能合约自动执行降低了供应链上复杂协作流程可能带来的操作风险;③创造出能够在多级供应商之间充当结算工具的信用凭证。

(2) 在保险上,重点包括两个方面:基于区块链的信息共享及公证平台,提高保险运作的透明度,以及加速行业数据分析协同,重点体现在再保险与直保公司间的协同,以及相互间保险产品的改造;以保单上链和保单质押为核心的行业整合及标准化建设。另外,基于区块链可溯源的特性,能够在农业保险及自然灾害险领域发挥一定价值。

(3) 在征信上,主要围绕基于区块链,搭建独立、可信的信用数据共享交易平台,并且“区块链+可信计算技术”有机会彻底实现个人用户数据的隐私保护及授权使用。

习　题

1. 企业贷款卡主要包含哪些要素?
2. 什么是商业承兑汇票?
3. 什么是贴现?
4. 商业承兑汇票可拆分吗?
5. 传统供应链金融中业务核心痛点是什么?
6. 接收与发送文件时,分别用什么密码解密和加密?
7. 在区块链上如何查看票据的流转?

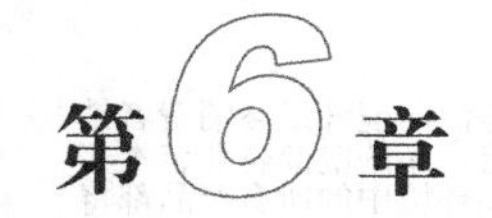

跨境保理业务实训

本章知识点

(1) 传统跨境电商保理业务痛点。
(2) 区块链跨境电商保理业务特点。

本章以金融行业跨境保理案例为背景，让学生切实地体验到区块链在金融行业跨境保理中的实际应用。主要内容包括：跨境保理理论知识、传统跨境保理业务实训、区块链跨境保理业务实训。

6.1 跨境保理理论准备

6.1.1 商业保理与保理融资

商业保理是一整套基于保理商和供应商之间所签订的保理合同的金融方案，包括融资、信用风险管理、应收账款管理和催收服务。保理商根据保理合同受让供应商的应收账款，并且代替采购商付款。

保理融资是指卖方申请由保理银行购买其与买方因商品赊销产生的应收账款，卖方对买方到期付款承担连带保证责任，在保理银行要求下还应承担回购该应收账款的责任，简单地说就是指销售商通过将其合法拥有的应收账款转让给银行，从而获得融资的行为，分为有追索与无追索两种。

6.1.2 商业保理业务环境介绍

商业保理业务环境如图 6-1 所示。

6.1.3 商业保理实训角色及任务分配

商业保理实训角色、实训任务、实训初始数据和规则如表 6-1 所示。

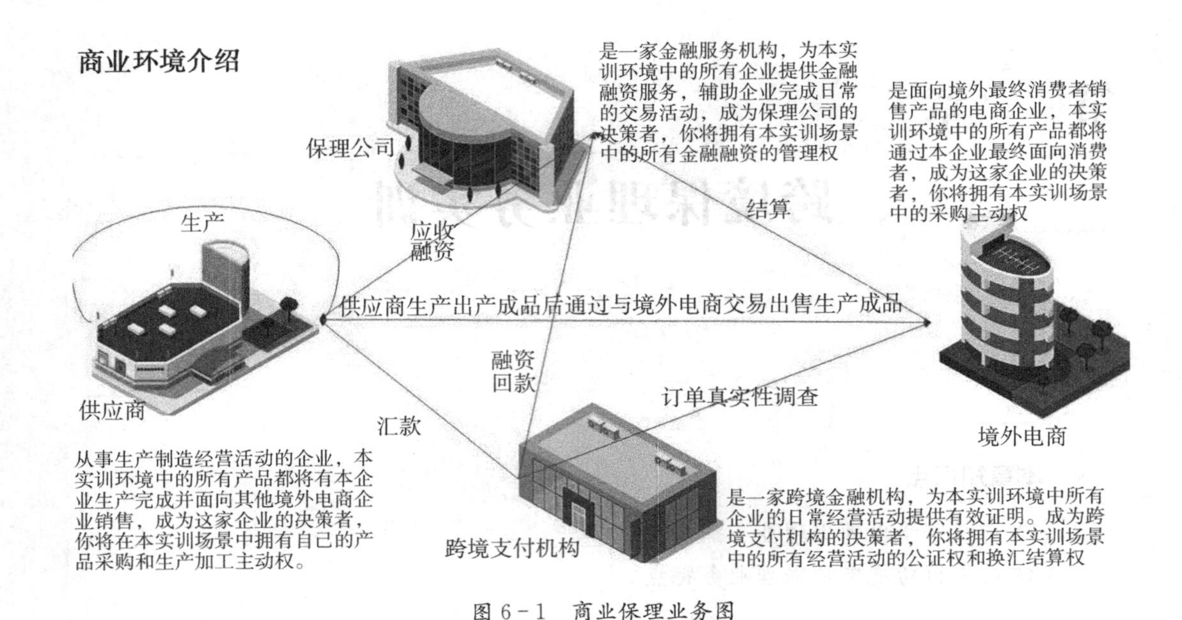

图 6－1　商业保理业务图

表 6－1　商业保理实训初始资料

角色	主要业务	实训业务初始数据及规则
境外电商	1. 根据自己的资金情况制定属于自己的采购计划 2. 与供应商谈判完成对销售订单合同的签订 3. 根据合同在平台上向供应商发起订单 4. 接收货物 5. 出售货物 6. 接收跨境支付机构发来的订单调查申请 7. 根据自己的资金情况制定属于自己的生产计划 8. 与境外电商谈判完成对销售订单的合同签订	境外电商在本实训环境中通过分析销售市场的产品(手机)价格，向供应商购买产品并出售产生营业利润 初始本金为＄2 000 万＝￥1.2 亿 手机采购成本￥6 000 元 手机出售价格￥6 600 元 订单到期结算周期：6 个月
供应商	1. 根据自己的资金情况制定属于自己的生产计划 2. 与境外电商谈判完成对销售订单的合同签订 3. 根据订单的结果确定购买原材料的数量 4. 开始生产加工 5. 为境外电商发货，等待电商收货 6 个月后到期结算 6. 向保理公司提交应收转让申请 7. 收到保理公司回复后签订保理合同 8. 签订保理合同后接收融资款，用于下一笔订单的生产	供应商在本实训环境中通过生产产品(手机)并出售给境外电商获取营业利润 初始本金为￥2 000 万 手机生产成本￥5 000 元 手机市场价格￥6 000 元 订单到期结算周期：6 个月
保理公司	1. 接收供应商的应收账款转让申请书 2. 向跨境支付机构发送订单调查申请 3. 接受调查回复 4. 依据订单调查结果，给供应商发送融资通告 5. 与供应商签订保理合同 6. 进行应收账款转让登记 7. 向供应商发放融资款 8. 境外电商订单到期结算后，接收融资回款	保理公司在本实训环境中为供应商提供金融融资和订单到期追债服务 初始本金为＄2 000 万＝￥1.2 亿 融资金额＝订单金额 * 80% 利率＝融资金额 * 10% 订单到期结算周期：6 个月

续表

角色	主要业务	实训业务初始数据及规则
跨境支付机构	1. 接收保理公司的订单调查申请 2. 向境外电商发送调查申请 3. 接收境外电商调查回复 4. 向保理公司发送调查回复 5. 订单到期结算后，接收境外电商结算款 6. 换汇结算，向供应商和保理公司发出汇款	跨境支付机构在本实训中负责保理公司和境外电商间调查信息传递，多方间交易收结汇工作 初始本金为$2000万=¥1.2亿 订单到期结算周期：6个月 保理公司给供应商融资结算时 供应商收款=订单金额*12% 保理公司收款=订单金额*88% 保理公司没给供应商融资结算时 供应商收款=订单金额*100%

6.1.4 商业保理业务流程

保理业务主要涉及保理商、卖方、买方3个主体，一般操作流程是：

(1) 保理商首先与客户，即商品销售行为中的卖方签订一个保理协议。

(2) 一般卖方需将所有通过赊销而产生的合格的应收账款出售给保理商。

(3) 卖方将赊销模式下的相关结算单据及文件提供给保理公司，作为受让应收账款的依据。

(4) 签订协议之后，保理商对卖方及买方资信及其他相关信息进行调查，确定信用额度。

(5) 保理商将融资款项划至卖方作为应收账款购买款。

(6) 应收账款到期日，买方偿还应收账款的债权。

6.1.5 商业保理业务应收账款风险成因

从保理的业务流程可知：应收账款是以真实的贸易背景为前提而为供应商提供集应收账款融资、销售分户账管理、账款催收和买方付款担保服务于一体的综合性金融服务。在实践中，往往因为应收账款形成的贸易背景不真实而导致大量保理纠纷的产生。

1. 保理业务应收账款风险成因一

贸易背景虚假，实践中保理业务应收账款背景贸易虚假至少包括两种情形。

(1) 贸易双方之间并没有真实的贸易往来，这种情形下或者是贸易双方共同形成虚假的贸易文件而不履行文件中的内容，或者是卖方伪造买方签章及有关贸易文件，也同样不存在真正的履行。此时，买卖双方之间根本没有贸易行为，双方或者卖方虚构贸易文件来骗取保理商的融资，已经涉嫌骗取贷款罪等刑事犯罪。

(2) 贸易双方虽然存在真实、有效的贸易合同，但卖方尚未履行或仅部分履行交货义务，却利用该贸易文件项下的全部账款向保理商叙做保理业务。与第一种情形不同的是，卖方并非不打算履行交货义务，只不过是超前利用尚未产生的应收账款(即未来应收账款)，在尚未履行或仅部分履行交货义务时就以全部账款叙做保理业务。而保理业务主要是针对赊销贸易，即卖方先行交货后买方在一定期限内支付货款，也正是这一时间差形成了卖方对买方的应收账款，从而卖方可以将该应收账款转让给保理商进行保理业务。因此，如果卖方并未履行交货义务，却以尚未产生的应收账款叙做保理业务，也应属于贸易背景不真实的一种情形。

2. 保理业务应收账款风险成因二

信用管理不健全风险包括买方和卖方两方面。

(1) 买方信用风险(赊销风险)：应收账款转让与受让是保理业务的核心，借款人与还款人分离是其与贷款区别的显著特征。应收账款转让给保理商是保理业务的常规担保措施，买方依据商务合同按期支付应收款项就不会产生信用风险。因此，买方信用风险是保理业务的关键风险，尤其在无追索权保理业务中，买方信用风险是应给予关注的首要方面。

(2) 卖方信用风险：卖方客户通常作为国内保理业务的申请主体(定向保理除外)，其信用状况的优劣，经营实力的强弱都会对保理业务产生重要影响。无论是有追索权还是无追索权保理业务，作为第二还款人，卖方信用风险都不能忽视。

3. 保理业务应收账款风险成因三

法律风险。保理业务的最大特点就是获得融资方和最终还款人两者分离，保理商不得不承受由于这两者分离所带来的风险。

目前，国内保理业务的主要法律依据是《合同法》，缺乏详尽的法律法规。我国应收账款在人民银行应收账款质押登记系统的转让登记行为仅具公示作用。而且，转让通知并不是债权转让成立与生效的必备条件，恶意的债权让与人可能与其中一个后位债权受让人串通，通过倒签转让日期或者倒签收到通知日期，制造虚假证据，从而损害善意受让人的利益，而这也就意味着应收账款受让权益的保障存在一定的法律风险。

6.1.6 应收账款转让融资

1. 应收账款转让

应收账款转让是指企业将应收账款出让给银行等金融机构以获取资金的一种筹资方式。

应收账款转让筹资数额一般为应收账款扣减以下内容后的余额：允许客户在付款时扣除的现金折扣；贷款机构扣除的准备金、利息费用和手续费；其中准备金是指因在应收账款收回过程中可能发生销货退回和折让等而保留的扣存款。

2. 应收账款转分类

按是否具有追索权，分为“附加追索权的应收账款转让”和“不附加追索权的应收账款转让”。

附加追索权的应收账款转让，是指企业将应收账款转让给银行等金融机构，在有关应收账款到期无法从债务人处收回时，银行等金融机构有权向转让应收账款的企业追偿，或按照协议规定，企业有义务按照约定金额从银行等金融机构回购部分应收账款，应收账款的坏账风险由企业承担。

不附加追索权的应收账款转让，是指企业将应收账款转让给银行等金融机构，在有关应收账款到期无法从债务人处收回时，银行等金融机构不能向转让应收账款的企业追偿，应收账款的坏账风险由银行承担。

3. 应收账款转让融资的功能特点

缩短企业应收账款收款周期;降低了买卖双方的交易成本;提高了资金的周转速度;提高人力运用效力,免除人工收账的困扰;优化企业应收账款管理,为企业活化除固定资产以外的资产科目;透过应收账款增加营运周转金,强化财务调度能力。

6.2 传统商业保理业务实训

6.2.1 传统保理业务

1. 课程导入

教师讲解课程背景,任务描述如表6-2所示。

表6-2 课程导入

任务名称	任务描述	任务数据
课程导入(全体)	学习商业保理环境知识	商业场景介绍文档

思考学习:

1) 商业保理的迫切性

在当前中国经济中,中小企业扮演着重要的角色。中国中小企业已超过1000万家,占全国企业总数的99%,创造的最终产品和服务的价值占国内生产总值比重超过50%,提供的出口占60%,上缴税收为国家税收总额的50%左右。与中小企业在国民经济中的重要地位相比,在融资上中小企业却处于绝对劣势。我国中小企业贷款仅占全国金融机构贷款的22%。在上市公司中,中小企业数量约占沪深两市公司的9%,而融资额占比仅为3%。但由于企业规模小、实物资产少、抗风险能力差、信息透明度低等一系列众所周知的原因,使得中小企业融资难成为广大中小企业发展的瓶颈,及制约国民经济发展的一个重要因素。

2) 商业保理的必要性

众多银行推出了多种中小企业融资方案,完善了中小企业的融资体系,也使得众多中小企业解决了资金问题,走上了健康发展的道路。但是以信贷为基础的中小企业融资方案,始终没有根本解决中小企业融资的困境和银行的顾虑。扩张信贷缓解了部分中小企业的燃眉之急,但不能缓解中小企业的心腹之患。中小企业缺的绝不仅仅是信贷,而是市场化的中小企业融资手段。所以金融手段的创新就成为了解决中小企业融资难的最重要途径。融资租赁、抵押典当、小额贷款公司等也成为中小企业融资的新途径。但是真正高效、直接、安全、优质、低风险、高收益的中小企业融资方案是商业保理的应用。

2. 角色选定

全体自行选择角色,任务描述如表6-3所示。

表 6-3 角色选定

任务名称	任务描述	任务数据
角色选定（全体）	1. 学习角色分工、跨境保理业务关系 2. 在实境演练中选择自己的角色	1. 场景介绍文档 2. 4 种实训角色：境外电商、供应商、保理公司、跨境支付机构 3. 每种角色均要有人选取，角色数量要均衡

3. 商业谈判

境外电商、供应商自行选择合作对象，进行商业谈判，任务描述如表 6-4 所示。

表 6-4 商业谈判

任务名称	任务描述	任务数据
商业谈判（境外电商、供应商）	1. 学习跨境保理业务、国际保理知识 2. 境外电商与供应商间通过线下商业谈判的形式确定合作关系	1. 商业谈判文档 2. 国际保理文档 3. 深圳前海文档 4. 业务+盈利文档 5. 合作双方确定的合作意向

注意：商业谈判依据。查看本章实训准备内容“6.1.3 商业保理角色及任务分配”。

4. 供应商与境外电商签订购销合同

供应商、境外电商双方签订购销合同，任务描述如表 6-5 所示。

表 6-5 供应商与境外电商签订购销合同

任务名称	任务描述	任务数据
供应商与境外电商签订购销合同（供应商、境外电商）	1. 学习购销合同的相关知识 2. 线下实境演练，境外电商与供应商间在线下签订合同	1. 购销合同文档 2. 线下从教师处领取购销合同 3. 合同数据，根据货物单价、初始资金，自行拟定订单数据

5. 境外电商发起订单

境外电商角色发起订单，任务描述如表 6-6 所示。

表 6-6 境外电商发起订单

任务名称	任务描述	任务数据
境外电商发起订单（境外电商）	1. 学习保理公司业务流程、采购计划、国际保理的相关知识 2. 在实境演练中发起订单	1. 保理公司业务流程、采购计划、国际保理文档 2. 订单数据。根据货物单价、初始资金，自行拟定订单数据

6. 供应商确认订单

供应商角色确认订单，任务描述如表 6-7 所示。

表6-7　供应商确认订单

任务名称	任务描述	任务数据
供应商确认订单（供应商）	在实境演练中，依据购销合同中的内容，确认境外电商发起的订单信息	保理公司业务流程、供应商风险防范对策文档

7. 供应商购买原材料

供应商角色购买原材料，任务描述如表6-8所示。

表6-8　供应商购买原材料

任务名称	任务描述	任务数据
供应商购买原材料（供应商）	1. 学习质量管理、采购计划制定知识 2. 在实境演练中购买原材料，支付材料款	采购预算、采购计划、原材料分类、物料清单等文档

8. 供应商生产加工

供应商角色生产加工，任务描述如表6-9所示。

表6-9　供应商生产加工

任务名称	任务描述	任务数据
供应商生产加工（供应商）	1. 学习如何对生产原材料进行生产加工 2. 在实境演练中完成生产加工	按照供应商与境外电商签订购销合同生产加工

9. 供应商发货

供应商角色发货，任务描述如表6-10所示。

表6-10　供应商发货

任务名称	任务描述	任务数据
供应商发货（供应商）	1. 学习：质量管理相关知识 2. 在实境演练中发货	1. 质量管理文档 2. 按照供应商与境外电商签订购销合同数量生产发货

10. 境外电商收货

境外电商角色收货，任务描述如表6-11所示。

表 6-11　境外电商收货

任务名称	任务描述	任务数据
境外电商收货（境外电商）	1. 学习战略采购相关知识 2. 在实境演练中收货	1. 战略管理计划文档 2. 按照供应商与境外电商签订购销合同收货

11. 境外电商出售商品

境外电商角色出售商品，任务描述如表 6-12 所示。

表 6-12　境外电商出售商品

任务名称	任务描述	任务数据
境外电商出售商品（境外电商）	1. 学习国际保理、货物买卖相关知识 2. 在实境演练中出售货物	1. 国际保理、货物买卖文档 2. 按照供应商与境外电商签订购销合同销售

12. 供应商应收账款转让申请

供应商角色应收账款转让申请，任务描述如表 6-13 所示。

表 6-13　供应商应收账款转让申请

任务名称	任务描述	任务数据
供应商应收账款转让申请（供应商）	1. 学习保理公司业务流程，了解角色任务关系 2. 线下填写《应收账款转让申请书》，向保理公司申请应收账款转让	1. 保理公司业务流程文档 2. 从教师处领取《应收账款转让申请书》（供应商一人一份）

13. 保理公司接收融资申请书

保理公司角色接收融资申请书，任务描述如表 6-14 所示。

表 6-14　保理公司接收融资申请书

任务名称	任务描述	任务数据
保理公司接收融资申请书（保理公司）	1. 学习跨境保理业务关系 2. 线下接收供应商填写的应收账款转让申请书	1. 保理公司业务流程文档 2. 供应商送来的纸质《应收账款转让申请书》

14. 保理公司发起订单调查申请

保理公司角色发起订单调查申请，任务描述如表 6-15 所示。

表 6-15　保理公司发起订单调查申请

任务名称	任务描述	任务数据
保理公司发起订单调查申请（保理公司）	1. 学习跨境保理业务关系 2. 进入实境演练，向跨境支付机构发起订单调查申请	1. 保理公司业务流程文档 2. 供应商在系统中提交的调查申请

15. 境外支付接收订单调查申请

境外支付角色接收订单调查申请，任务描述如表6-16所示。

表6-16 境外支付接收订单调查申请

任务名称	任务描述	任务数据
境外支付接收订单调查申请（境外支付）	1. 学习跨境保理业务关系 2. 在实境演练中接收保理公司发来的订单调查申请	1. 保理公司业务流程、国际保理等文档 2. 保理公司在系统中提交的调查申请

16. 境外支付发起订单调查申请

境外支付角色发起订单调查申请，任务描述如表6-17所示。

表6-17 境外支付发起订单调查申请

任务名称	任务描述	任务数据
境外支付发起订单调查申请（境外支付）	1. 学习了解跨境保理业务关系 2. 在实境演练中，向境外电商发起订单调查申请	1. 保理公司业务流程、托收的业务流程等文档 2. 保理公司在系统中提交的调查申请

17. 境外电商接收订单调查申请

境外电商角色接收订单调查申请，任务描述如表6-18所示。

表6-18 境外电商接收订单调查申请

任务名称	任务描述	任务数据
境外电商接收订单调查申请（境外电商）	1. 学习了解跨境保理业务关系 2. 在实境演练中，接收跨境支付机构发来的订单调查申请	1. 商业保理、保理公司业务流程、融资方式等文档 2. 境外支付机构在系统中提交的调查申请

18. 境外电商确认订单真实性

境外电商角色确认订单真实性，任务描述如表6-19所示。

表6-19 境外电商确认订单真实性

任务名称	任务描述	任务数据
境外电商确认订单真实性（境外电商）	1. 学习跨境保理业务、信用证明结算知识 2. 在实境演练中确认订单真实性，将调查结果发回给跨境支付机构	1. 商业保理、信用证结算等文档 2. 境外支付机构在系统中提交的调查申请

19. 境外支付接收调查回复

境外支付角色接收调查回复，任务描述如表6-20所示。

表 6-20　境外支付接收调查回复

任务名称	任务描述	任务数据
境外支付接收调查回复（境外支付）	1. 学习跨境保理业务关系知识 2. 在实境演练中，接收境外电商发来的订单调查回复	1. 商业保理等文档 2. 境外电商在系统中发来的订单调查回复

20. 境外支付发送调查回复

境外支付角色发送调查回复，任务描述如表 6-21 所示。

表 6-21　境外支付发送调查回复

任务名称	任务描述	任务数据
境外支付发送调查回复（境外支付）	1. 学习跨境保理业务知识 2. 在实境演练中，向保理公司发送境外电商发来的订单调查回复	1. 商业保理、信用证结算等文档 2. 境外电商在系统中发来的订单调查回复

21. 保理公司接收调查回复

保理公司角色接收调查回复，任务描述如表 6-22 所示。

表 6-22　保理公司接收调查回复

任务名称	任务描述	任务数据
保理公司接收调查回复（保理公司）	1. 学习跨境保理业务关知识 2. 在实境演练中，接收跨境支付机构的订单调查回复	1. 商业保理、信用证结算等文档 2. 跨境支付机构在系统中发来的订单调查回复

22. 保理公司发送融资通告

保理公司角色发送融资通告，任务描述如表 6-23 所示。

表 6-23　保理公司发送融资通告

任务名称	任务描述	任务数据
保理公司发送融资通告（保理公司）	1. 学习跨境保理业务知识 2. 在实境演练中，向供应商发送融资通告	1. 商业保理、保理池融资模式介绍等文档 2. 供应商融资通告，融资金额为供应商申请发起调查订单的金额

23. 供应商接收融资申请回复

供应商角色接收融资申请回复，任务描述如表 6-24 所示。

表 6-24　供应商接收融资申请回复

任务名称	任务描述	任务数据
供应商接收融资申请回复（供应商）	在实境演练中，接收保理公司反馈的融资申请回复	1. 商业保理、保理池融资模式介绍等文档 2. 保理公司反馈的融资申请回复

24. 与供应商签订商业保理合同

保理公司角色与供应商签订商业保理合同，任务描述如表 6－25 所示。

表 6－25 与供应商签订商业保理合同

任务名称	任务描述	任务数据
与供应商签订商业保理合同（保理公司）	1. 学习跨境保理业务关系知识 2. 线下与供应商签订商业保理合同	1. 商业保理、国际保理等文档 2. 线下在教师处领取《商业保理合同》（教学专用），供应商与保理公司一人一份

25. 保理公司应收转让登记

保理公司角色进行应收转让登记，任务描述如表 6－26 所示。

表 6－26 保理公司应收转让登记

任务名称	任务描述	任务数据
保理公司应收转让登记（保理公司）	1. 学习跨境保理业务、应收账款融资平台知识 2. 在实境演练中，将应收账款转让融资进行登记	1. 商业保理、应收账款融资平台文档 2. 应用转让登记的订单

26. 保理公司发放融资款

保理公司角色发放融资款，任务描述如表 6－27 所示。

表 6－27 保理公司发放融资款

任务名称	任务描述	任务数据
保理公司发放融资款（保理公司）	1. 学习跨境保理业务知识 2. 在实境演练中，向供应商发放应收转让融资款	1. 商业保理文档 2. 发放融资款的订单

27. 供应商接收融资款

供应商角色接收融资款，任务描述如表 6－28 所示。

表 6－28 供应商接收融资款

任务名称	任务描述	任务数据
供应商接收融资款（供应商）	在实境演练中接收保理公司发放的融资款	1. 融资方式、保理公司业务流程文档 2. 接收融资款的订单

28. 境外电商订单到期结算

境外电商角色订单到期结算，任务描述如表 6－29 所示。

表 6－29 境外电商订单到期结算

任务名称	任务描述	任务数据
境外电商订单到期结算（境外电商）	1. 学习外汇结算、汇款业务流程等知识 2. 在实境演练中，结算到期订单	1. 外汇结算、汇款业务流程文档 2. 系统中待结算的订单

29. 境外支付接收结算汇款

境外支付角色接收结算汇款，任务描述如表 6－30 所示。

表 6－30 境外支付接收结算汇款

任务名称	任务描述	任务数据
境外支付接收结算汇款（境外支付）	1. 学习外汇结算、汇款业务流程等知识 2. 在实境演练中，接收境外电商发来的订单结算汇款	1. 外汇结算、汇款业务流程文档 2. 系统中的结算汇款订单

30. 境外支付换汇结算

境外支付角色换汇结算，任务描述如表 6－31 所示。

表 6－31 境外支付换汇结算

任务名称	任务描述	任务数据
境外支付换汇结算（境外支付）	1. 学习外汇结算、汇款业务流程等知识 2. 在实境演练中，将外汇结算成人民币，然后再将款项汇出	1. 外汇结算、汇款业务流程文档 2. 系统中需换汇结算的订单

31. 供应商接收订单尾款

供应商角色接收订单尾款，任务描述如表 6－32 所示。

表 6－32 供应商接收订单尾款

任务名称	任务描述	任务数据
供应商接收订单尾款（供应商）	在实境演练中，接收尾款	1. 融资方式、保理公司业务流程文档 2. 融资贷款尾款订单

32. 保理公司接收融资回款

保理公司角色接收融资回款，任务描述如表 6－33 所示。

表6-33 保理公司接收融资回款

任务名称	任务描述	任务数据
保理公司接收融资回款（保理公司）	1. 学习融资方式、保理公司业务流程知识 2. 线下向境外电商进行催账，跨境支付机构换回结算后，接收自己的融资款与利息 3. 在实境演练中接收应收融资回款	1. 融资方式、保理公司业务流程文档 2. 应收融资回款订单

33. 签订商业保理合同

供应商角色与保理公司签订商业保理合同，任务描述如表6-34所示。

表6-34 签订商业保理合同

任务名称	任务描述	任务数据
签订商业保理合同（供应商）	1. 学习融资方式、保理公司业务流程知识 2. 线下与保理公司签订商业保理合同	1. 融资方式、保理公司业务流程文档 2. 线下在教师处领取《商业保理合同》

6.2.2 融资审核业务实训

1. 申请银行贷款

供应商角色申请银行贷款，任务描述如表6-35所示。本步骤中，所有人的实训角色均为供应商。

表6-35 申请银行贷款

任务名称	任务描述	任务数据
申请银行贷款（供应商）	1. 学习银行贷款相关知识 2. 在实境演练中申请银行贷款	1. 银行贷款文档 2. 你是供应商B，你在1个月前刚刚拿到保理公司T的融资放款800万元，这笔应收账款距离甲方付款还有6个月。由于市 场需求增加，此时你决定去银行进行贷款，扩建3条生产线，请提交你的财务报表和其他相关资料

2. 建设生产线

供应商角色建设生产线，任务描述如表6-36所示。本步骤中，所有人的实训角色均为供应商。

表6-36 建设生产线

任务名称	任务描述	任务数据
建设生产线（供应商）	1. 学习生产线知识 2. 在实境演练中建设生产线	1. 生产线知识文档 2. 扩建3条生产线

3. 购买原材料

供应商角色购买原材料，任务描述如表 6-37 所示。本步骤中，所有人的实训角色均为供应商。

表 6-37　购买原材料

任务名称	任务描述	任务数据
购买原材料（供应商）	1. 学习质量管理文档 2. 在实境演练中购买原材料	1. 今天新建的生产线开始投入使用，此时你又签订了一笔 1000 万元的合同，生产 1600 台手机，利润同样是 20%，现在请进行原材料采购（采购、生产、发货一共用时 1 个月） 2. 质量管理、物料清单等文档

4. 生产加工

供应商角色进行生产加工，任务描述如表 6-38 所示。本步骤中，所有人的实训角色均为供应商。

表 6-38　生产加工

任务名称	任务描述	任务数据
生产加工（供应商）	1. 学习生产管理知识 2. 在实境演练中，对原材料进行生产加工	1. 生产管理知识文档 2. 生产手机数量 1600 台

5. 发货

供应商角色发货，任务描述如表 6-39 所示。本步骤中，所有人的实训角色均为供应商。

表 6-39　发货

任务名称	任务描述	任务数据
发货（供应商）	在实境演练中发货	发货数量 1600 台

6. 应收账款转让申请

供应商角色应收账款转让申请，任务描述如表 6-40 所示。本步骤中，所有人的实训角色均为供应商。

表 6-40　应收账款转让申请

任务名称	任务描述	任务数据
应收账款转让申请（供应商）	在实境演练中向保理公司申请应收账款转让	一周后收货方确认收到货物，应收账款产生。就在此时你的老客户打电话说，希望你能给他提供一批货，时间比较急要在一个月内发给他。所以你决定再次来到保理公司 T 用刚产生的这笔应收账款进行转让融资，争取拿到资金用于新订单的生产

7. 融资审核决定

供应商角色融资审核决定，任务描述如表6-41所示。本步骤中，所有人的实训角色均为供应商。

表6-41　融资审核决定

任务名称	任务描述	任务数据
融资审核决定（供应商）	在实境演练中查看保理公司反馈的融资审核决定	1. 一天后，保理公司T回复你：本次融资申请不予通过。由于3个月前你申请过一笔应收账款转让融资，保理公司还有3个月才能收到回款，同时在你的资产负债表上体现了你通过贷款购买了生产线，导致你的固定资产与长期贷款大幅增加，资产负债率超过了60%，所以本次融资不予通过 2. 保理公司审核意见

6.2.3　多头借贷业务实训

1. 接收融资申请

保理公司接收融资申请，任务描述如表6-42所示。本步骤中，所有人的实训角色均为保理公司。

表6-42　接收融资申请

任务名称	任务描述	任务数据
接收融资申请（保理公司）	在实境演练中接收供应商提交的融资申请书	你是商业保理公司N，刚刚供应商C来到你的保理公司申请应收账款转让融资

2. 通知审核结果

保理公司通知审核结果，任务描述如表6-43所示。本步骤中，所有人的实训角色均为保理公司。

表6-43　通知审核结果

任务名称	任务描述	任务数据
通知审核结果（保理公司）	在实境演练中向供应商发放审核结果通知	1. 经过3天的资料审核，你通知了供应商C，告知他融资申请审核通过了 2. 保理商审核意见

3. 签订商业保理合同

保理公司签订商业保理合同，任务描述如表6-44所示。本步骤中，所有人的实训角色均为保理公司。

表 6-44　签订商业保理合同

任务名称	任务描述	任务数据
签订商业保理合同（保理公司）	在实境演练中与供应商签订商业保理合同	1. 你和供应商 B 签订商业保理合同 2. 商业保理合同范本

4. 通知放款结果

保理公司通知放款结果，任务描述如表 6-45 所示。本步骤中，所有人的实训角色均为保理公司。

表 6-45　通知放款结果

任务名称	任务描述	任务数据
通知放款结果（保理公司）	1. 任务内容：观看学习资源，向供应商发放审核结果 2. 在实境演练中查看学习资源，了解角色任务关系，在实境演练中告知审核结果	经过 3 天的资料审核，你通知供应商 B，告知他融资申请审核的结果

5. 行业痛点总结

全体分小组进行实训总结，任务描述如表 6-46 所示。

表 6-46　行业痛点总结

任务名称	任务描述	任务数据
行业痛点总结（全体）	在实境演练中提交行业痛点个人总结	通过查看学习资源与模拟体验，分析行业痛点，形成个人总结

思考学习：

跨境保理行业有三大痛点。

1) 融资审核效率低、风险高

有信息化系统的保理公司需要与境外电商平台对接，获取供应商的订单信息，没有信息化系统的保理公司需要采用人工方式获取供应商订单信息；获取订单之后，需要花费资源核实订单的真实性，成本高，业务开展效率低。

2) 融资方式不够灵活

传统保理融资的授信额度不支持拆分，只能进行单次融资，部分授信额度会被浪费，融资方式不够灵活。

3) 贷后风险较大，资金流向难以控制

供应商可以使用同一笔订单向多家保理公司申请融资，由于各自记录融资信息，数据相互隔离，保理公司无法全面评估供应商信用，难以控制供应商超额融资和多头借贷，带来资金风险。

6. 小组解决方案

全体分小组进行实训总结，任务描述见表 6-47。

表 6-47　小组解决方案

任务名称	任务描述	任务数据
小组解决方案（全体）	在实境演练中，将解决方案成果进行上传	以小组为单位，汇总整合每人之前的行业痛点的总结。基于前面所学区块链知识，讨论需要用到什么技术与思想，形成解决方案

思考学习：

解决方案：①基于自主可控的联盟链框架，通过数字证书进行身份认证和授权，确保数据上链前的真实性；②基于 PKI 公开密钥体系、时间戳、拜占庭容错共识机制，确保数据上链后不被篡改；③采用 UTXO 模型对授信额度进行精确而灵活的控制和调整。方案如图 6-2 所示。

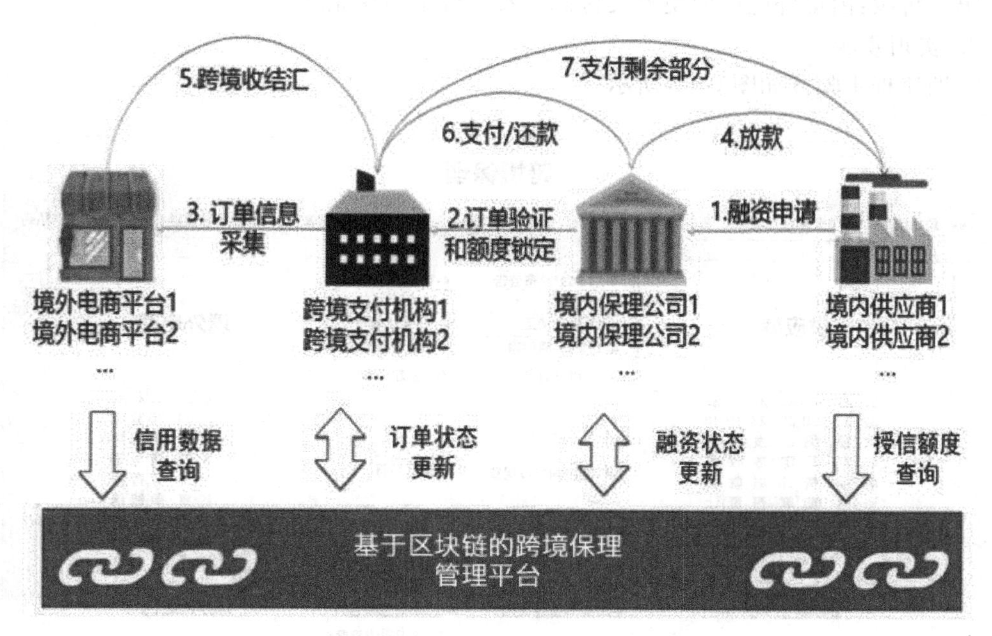

图 6-2　基于区块链的跨境保理解决参考方案

6.3　基于区块链技术的跨境保理业务实训

6.3.1　基于区块链技术的跨境保理业务实训背景

1. 实训背景数据及规则

跨境保理链上交易实训涉及的 4 类角色分别是：供应商、境外电商、保理公司、境外支付机构。

实训中贸易物品为手机；

境外电商在收到供应商发来的货物后6个月结算货款；

供应商手机制造成本为5000元/台，境外电商手机采购价格为6000元/台，手机出售价格为6600元/台；

境外电商收货后，供应商可以进行应收账款融资，保理公司在尽调完成之后所发放的融资款＝订单金额×80％。

2. 实训内容

本实训共有40个任务，将分为5个阶段进行。

第一阶段：基于腾讯联盟链仿真实验环境完成新建联盟链、添加节点、邀请成员、查看邀请列表、启动联盟链、生成公钥私钥；

第二阶段：由境外电商向供应商发起采购业务；

第三阶段：由供应商向保理公司发起应收账款融资申请业务；

第四阶段：由保理公司向供应商发放融资款业务；

第五阶段：由境外电商向境外支付机构发起订单结算业务。

3. 实训步骤

实训流程步骤详如图6－3所示。

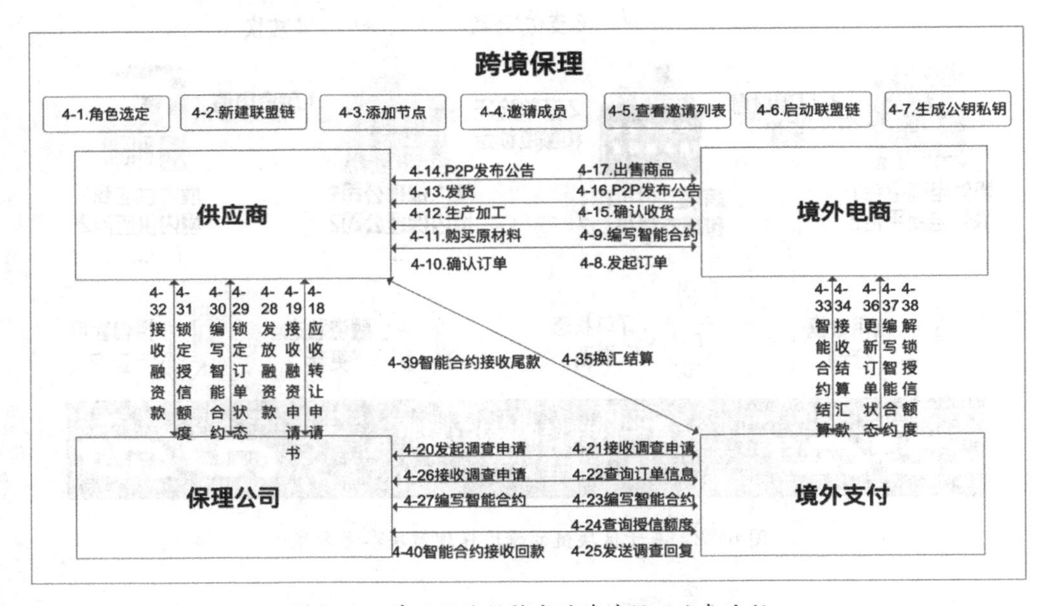

图6－3　基于区块链技术的跨境保理业务流程

6.3.2　基于区块链技术的跨境保理业务实训步骤

1. 角色选定

全体角色自行选择角色，任务描述如表6－48所示。

表 6-48 角色选定

任务名称	任务描述	任务数据
角色选定（全体）	1. 学习实训场景知识 2. 在实境演练中选择自己的角色	1. 角色共4种：供应商、境外电商、保理公司、境外支机构（注意：每种角色都必须有人选择，角色数量要协调） 2. 场景介绍文档

2. 新建联盟链

全体角色新建联盟链，任务描述如表 6-49 所示。

表 6-49 新建联盟链

任务名称	任务描述	任务数据
新建联盟链（全体）	1. 学习联盟链，掌握联盟链的创建方法 2. 在实境演练中设置联盟名称与联盟描述	1. 联盟链、联盟链的创建方法文档 2. 自定义联盟/组织的名称，并填写联盟/组织的描述

3. 添加节点

全体角色添加节点。

任务描述如表 6-50 所示。

表 6-50 添加节点

任务名称	任务描述	任务数据
添加节点（全体）	1. 学习联盟链中节点的添加方法 2. 在实境演练中选择添加已关联节点、购买新节点、关联已有服务器	1. 节点文档 2. 根据实际情况关联节点、服务

4. 邀请成员

全体角色邀请成员，任务描述如表 6-51 所示。

表 6-51 邀请成员

任务名称	任务描述	任务数据
邀请成员（全体）	1. 学习联盟链及邀请其他人员加入本联盟链的方法 2. 在实境演练中输入机构名称，选择邀请对象，填写邀请留言完成邀请任务	1. 邀请成员文档 2. 根据实际情况邀请成员

5. 查看邀请列表

全体角色查看邀请列表，选择拟通过的邀请，任务描述如表 6-52 所示。

表 6－52　查看邀请列表

任务名称	任务描述	任务数据
查看邀请列表（全体）	在实境演练中同意或拒绝加入邀请你的联盟链	根据实际情况，确定是否加入联盟

6．启动联盟链

全体角色启动联盟链，任务描述如表 6－53 所示。

表 6－53　启动联盟链

任务名称	任务描述	任务数据
启动联盟链（全体）	在实境演练中启动本联盟链	1．根据实际情况，启动联盟链 2．要求至少有 4 个节点才可启动，若节点数量不够，可返回第三步，再购买新的节点，添加至 4 个节点数量的要求

7．生成公钥、私钥

全体角色生成个人的公钥、私钥，任务描述如表 6－54 所示。

表 6－54　生成公钥私钥

任务名称	任务描述	任务数据
公钥、私钥（全体）	在实境演练中，输入自己姓名、进行加密，生成属于自己的公钥和私钥，作为自己的唯一标识	个人姓名

8．境外电商发起订单

境外电商角色发起采购订单，任务描述如表 6－55 所示。

表 6－55　境外电商发起订单

任务名称	任务描述	任务数据
境外电商发起订单（境外电商）	在实境演练中发起采购订单	根据实际情况，在联盟链上，境外电商选择意向供应商，并发起采购订单数据

9．编写结算合约

境外电商角色编写结算合约，任务描述如表 6－56 所示。

表 6－56　编写结算合约

任务名称	任务描述	任务数据
编写结算合约（境外电商）	在实境演练中编写智能结算合约	在联盟链上根据境外电商发起的订单信息，编写订单结算的智能合约

思考学习：

智能结算合约范例，如图 6－4 所示。

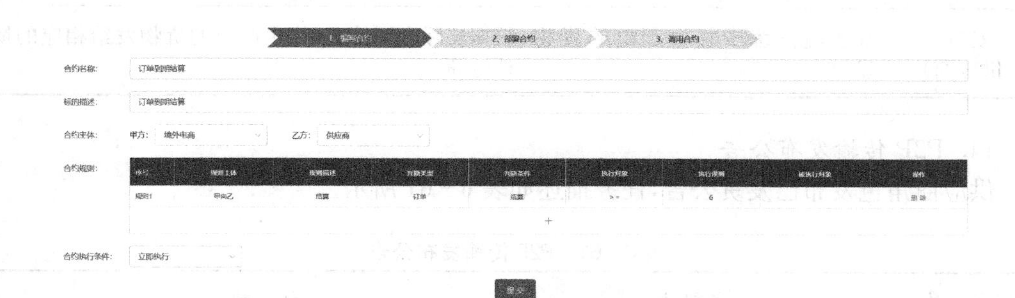

图 6－4 境外电商结算智能合约

10. 确认订单

供应商角色确认订单，任务描述如表 6－57 所示。

表 6－57 确认订单

任务名称	任务描述	任务数据
确认订单（供应商）	在实境演练中确认订单	根据实际合同情况，在联盟链上确认相关境外电商发起的订单信息

11. 购买原材料

供应商角色购买原材料，任务描述如表 6－58 所示。

表 6－58 购买原材料

任务名称	任务描述	任务数据
购买原材料（供应商）	在实境演练中购买原材料	根据实际合同情况，采购原材料

12. 生产加工

供应商角色生产加工，任务描述如表 6－59 所示。

表 6－59 生产加工

任务名称	任务描述	任务数据
生产加工（供应商）	在实境演练中对原材料进行生产加工	根据实际合同情况，组织生产产品

13. 发货

供应商角色发货，任务描述如表 6－60 所示。

表 6-60 发货

任务名称	任务描述	任务数据
发货（供应商）	在实境演练中将生产出的货物发出	根据实际合同情况，将生产出的货物发给相应的境外电商

14. P2P 传输发布公告

供应商角色发布已发货公告，任务描述如表 6-61 所示。

表 6-61 P2P 传输发布公告

任务名称	任务描述	任务数据
P2P 传输发布公告（供应商）	在实境演练中向全网发布“已发货”的公告	根据实际情况，在联盟链上，相关供应商通过 P2P 技术向全网公告已经发货的信息

15. 确认收货

境外电商角色确认收货，任务描述如表 6-62 所示。

表 6-62 确认收货

任务名称	任务描述	任务数据
确认收货（境外电商）	在实境演练中确认收货	根据实际情况，依据发起的订单数据，接收供应商发来的货物

16. P2P 传输发布公告

境外电商角色发布收货公告，任务描述如表 6-63 所示。

表 6-63 P2P 传输发布公告

任务名称	任务描述	任务数据
P2P 传输发布公告（境外电商）	在实境演练中，通过 P2P 技术在联盟链中发布公告，向全网公告已收货	根据实际情况，在联盟链上，相关境外电商通过 P2P 技术向全网公告已收货的信息

17. 出售商品

境外电商角色出售商品，任务描述如表 6-64 所示。

表 6-64 出售商品

任务名称	任务描述	任务数据
出售商品（境外电商）	在实境演练中，将收到的货物进行出售，通过价格差异赚取利润	销售实际采购到商品，获得应收账款

18. 应收账款转让申请

供应商角色向保理公司提出应收账款转让申请，任务描述如表6-65所示。

表6-65 应收账款转让申请

任务名称	任务描述	任务数据
应收账款转让申请（供应商）	在实境演练中向保理公司申请应收账款转让	根据实际情况，在联盟链上向意向保理公司申请应收账款转让

19. 接收融资申请书

保理公司角色接收融资申请书，任务描述如表6-66所示。

表6-66 接收融资申请书

任务名称	任务描述	任务数据
接收融资申请书（保理公司）	在实境演练中接收供应商发送的应收账款转让申请书	根据实际情况，在联盟链上接收相关供应商发来的应收账款转让申请书

20. 发起订单调查申请

保理公司角色发起订单调查申请，任务描述如表6-67所示。

表6-67 发起订单调查申请

任务名称	任务描述	任务数据
发起订单调查申请（保理公司）	在实境演练中向跨境支付机构发起订单调查申请	根据实际情况，在联盟链上向特定境外支付机构发起订单调查申请

21. 接收订单调查申请

境外支付机构角色接收订单调查申请，任务描述如表6-68所示。

表6-68 接收订单调查申请

任务名称	任务描述	任务数据
接收订单调查申请（境外支付机构）	在实境演练中接收相关保理公司发来的订单调查申请	根据实际情况，在联盟链上，接收相关保理公司发来的订单调查申请

22. 查询订单信息

境外支付机构角色查询订单信息，任务描述如表6-69所示。

表 6-69　查询订单信息

任务名称	任务描述	任务数据
查询订单信息（境外支付机构）	在实境演练中查找到订单信息后，进行锁定处理	根据实际情况，在联盟链上选择需查询的订单信息

23. 编写查询授信额度合约

境外支付机构角色编写查询授信额度合约，任务描述如表 6-70 所示。

表 6-70　编写查询授信额度合约

任务名称	任务描述	任务数据
编写查询授信额度合约（境外支付机构）	在实境演练中，根据保理公司发来的信息，编写查询授信额度的智能合约	1. 时间戳文档 2. 根据实际情况，编写查询授信额度合约，并上链

思考学习：

合约样本如图 6-5 所示。

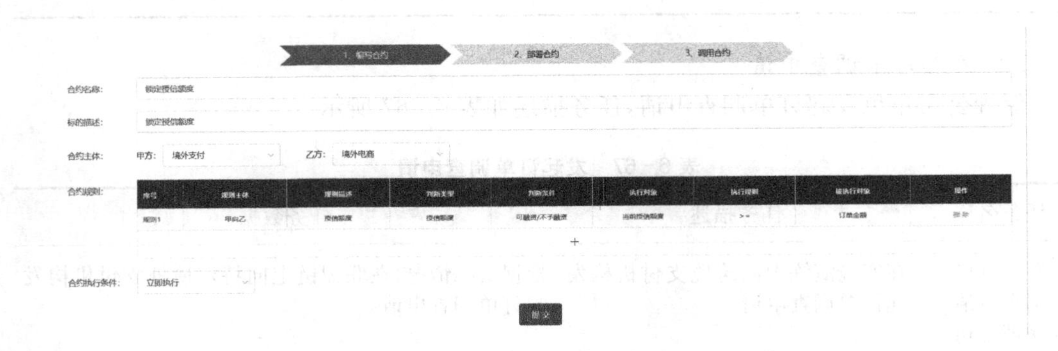

图 6-5　境外支付机构查询授信额度智能合约

24. 查询授信额度

境外支付机构角色查询授信额度，任务描述如表 6-71 所示。

表 6-71　查询授信额度

任务名称	任务描述	任务数据
查询授信额度（境外支付机构）	在实境演练中将境外电商的授信额度调出，进行查询，锁定授信额度	1. 时间戳文档 2. 根据实际情况，在联盟链上选择需查询的境外电商授信额度

25. 发送调查回复

境外支付机构角色发送调查回复，任务描述如表 6-72 所示。

表 6-72　发送调查回复

任务名称	任务描述	任务数据
发送调查回复（境外支付机构）	在实境演练中，将查询到的订单相关信息回复给保理公司	根据实际情况，从系统中查询并回复订单信息给相关保理公司

26. 接收调查回复

保理公司角色接收调查回复，任务描述如表 6-73 所示。

表 6-73　接收调查回复

任务名称	任务描述	任务数据
接收调查回复（保理公司）	在实境演练中，保理公司接收跨境支付机构发回的订单调查回复	根据实际情况，在联盟链上接收相应跨境支付机构发回的订单调查回复

27. 编写发放融资款合约

保理公司角色编写发放融资款合约，任务描述如表 6-74 所示。

表 6-74　编写发放融资款合约

任务名称	任务描述	任务数据
编写发放融资款合约（保理公司）	在实境演练中，保理公司根据境外支付机构发回的调查信息，编写发放融资款的智能合约	根据实际情况，即根据境外支付机构发回的调查信息，编写发放融资款的智能合约，并上链

思考学习：

发放融资款合约范本如图 6-6 所示。

图 6-6　保理公司发放融资款智能合约

28. 发放融资款

保理公司角色发放融资款，任务描述如表 6-75 所示。

表 6-75 发放融资款

任务名称	任务描述	任务数据
发放融资款（保理公司）	在实境演练中向供应商发放应收转让融资款	根据实际情况，在联盟链上向相关供应商发放应收转让融资款

29. 锁定订单信息

保理公司角色锁定订单信息，任务描述如表 6-76 所示。

表 6-76 锁定订单信息

任务名称	任务描述	任务数据
锁定订单信息（保理公司）	在实境演练中，保理公司锁定订单信息	根据实际情况，在联盟链上，保理公司锁定相关订单信息

30. 编写授信额度合约

保理公司角色编写授信额度合约，任务描述如表 6-77 所示。

表 6-77 编写授信额度合约

任务名称	任务描述	任务数据
编写授信额度合约（保理公司）	在实境演练中，保理公司发放完融资款后，编写锁定授信额度的智能合约	根据实际情况，保理公司发放完相应融资款后，编写相应锁定授信额度的智能合约，并上链

思考学习：

授信合约范本，如图 6-7 所示。

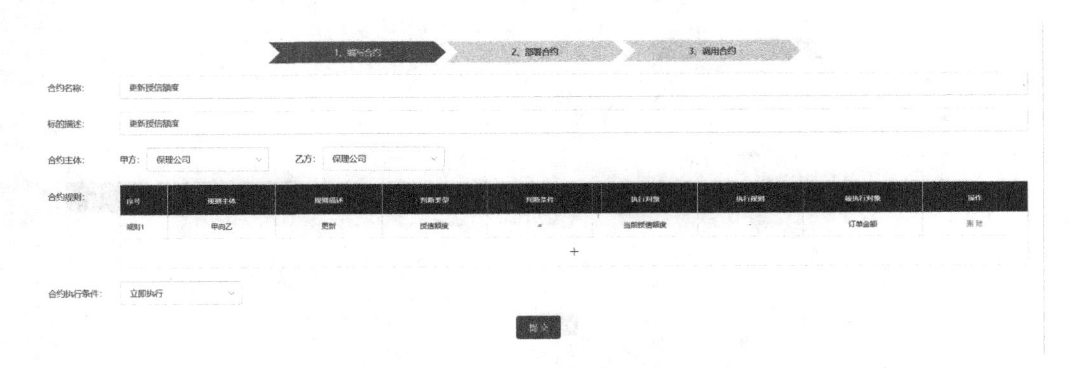

图 6-7 保理公司授信额度智能合约

31. 锁定授信额度

保理公司角色锁定授信额度，任务描述如表 6-78 所示。

表 6-78　锁定授信额度

任务名称	任务描述	任务数据
锁定授信额度（保理公司）	在实境演练中，保理公司锁定授信额度	根据实际情况，在联盟链上，保理公司锁定相关授信额度

32. 接收融资款

供应商角色接收融资款，任务描述如表 6-79 所示。

表 6-79　接收融资款

任务名称	任务描述	任务数据
接收融资款（供应商）	在实境演练中接收保理公司发放的融资款	根据实际情况，在联盟链上接收相关保理公司发放的融资款

33. 智能合约结算订单

境外电商角色调用智能合约结算订单，任务描述如表 6-80 所示。

表 6-80　智能合约结算订单

任务名称	任务描述	任务数据
智能合约结算订单（境外电商）	在实境演练中查看订单结算状态。依据智能合约中账期到期时间提前准备好资金，防止出现资金风险	1. 编写自动结算智能合约，并上链 2. 在根据实际情况，在联盟链上调用相关智能合约，自动结算订单

思考学习：

智能合约结算范本，如图 6-8 所示。

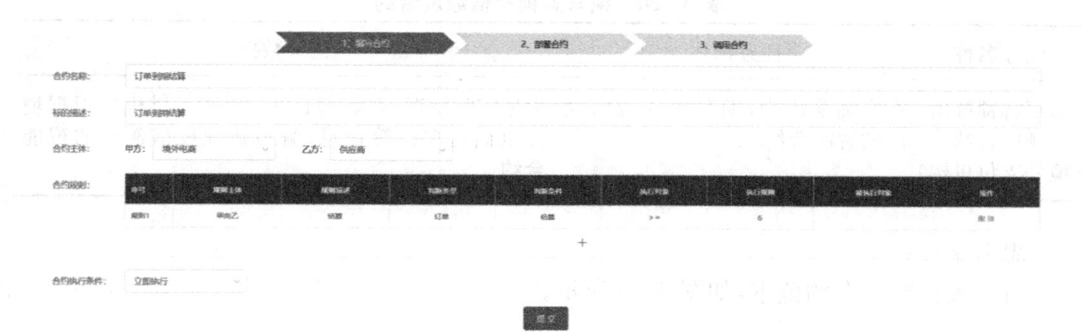

图 6-8　境外电商结算智能合约

34. 接收结算汇款

境外支付机构角色接收结算汇款，任务描述如表 6-81 所示。

表 6-81　接收结算汇款

任务名称	任务描述	任务数据
接收结算汇款（境外支付机构）	在实境演练中调用在联盟链上部署过的智能合约，自动结算境外电商的到期货款，接收结算	根据实际情况，在联盟链上调用相关境外电商的智能合约，自动结算到期的货款

35. 换汇结算

境外支付机构角色换汇结算，任务描述如表 6-82 所示。

表 6-82　换汇结算

任务名称	任务描述	任务数据
换汇结算（境外支付机构）	在实境演练中进行收结汇工作，将外汇结算成人民币，再将款项汇出	根据实际情况，在联盟链上进行收结汇工作，将外汇结算成人民币，再将款项汇出

36. 更新订单信息

境外支付机构角色更新订单信息，任务描述如表 6-83 所示。

表 6-83　更新订单信息

任务名称	任务描述	任务数据
更新订单信息（境外支付机构）	在实境演练中解除该单锁定状态，并进行状态更新	根据实际情况，在联盟链上将相关订单解除锁定状态并进行状态更新

37. 编写解锁授信额度合约

境外支付机构角色编写解锁授信额度合约，任务描述如表 6-84 所示。

表 6-84　编写解锁授信额度合约

任务名称	任务描述	任务数据
编写解锁授信额度合约（境外支付机构）	在实境演练中，编写解锁授信额度的智能合约	根据实际情况，在联盟链上，境外支付机构根据境外电商订单结算信息，编写解锁授信额度的智能合约

思考学习：

解锁授信额度合约范本，如图 6-9 所示。

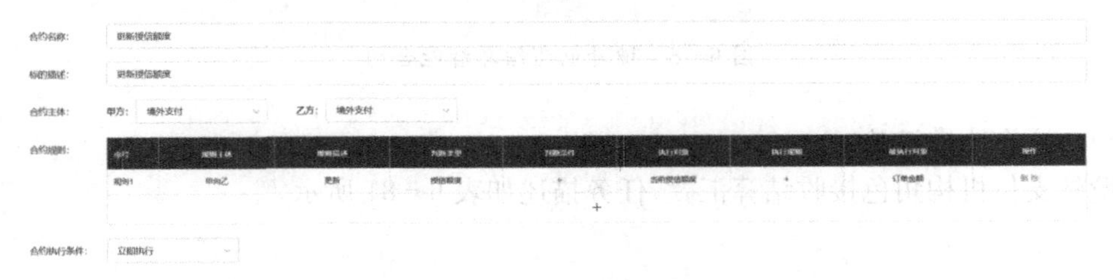

图 6-9　境外支付机构解锁授信额度智能合约

38. 解锁授信额度

境外支付机构角色解锁更新授信额度，任务描述如表 6－85 所示。

表 6－85　解锁授信额度

任务名称	任务描述	任务数据
解锁授信额度（境外支付机构）	在实境演练中，调出该外电商的授信额度，解除锁定状态，更新授信额度	根据实际情况，在联盟链上将相关境外电商的授信额度调出，解除锁定状态，更新授信额度

39. 智能合约接收订单尾款

解锁授信额度角色调用智能合约接收订单尾款，任务描述如表 6－86 所示。

表 6－86　智能合约接收订单尾款

任务名称	任务描述	任务数据
智能合约接收订单尾款（供应商）	在实境演练中，通过智能合约在订单到期后自动结算货款，经跨境支付机构换汇结算后，接收订单尾款	根据实际情况，在联盟链上，调用保理公司机构部署的智能合约，在订单到期后自动结算货款，经跨境支付机构换汇结算后，查看接收订单尾款

40. 智能合约接收回款

保理公司角色调用智能合约接收回款，任务描述如表 6－87 所示。

表 6－87　智能合约接收回款

任务名称	任务描述	任务数据
智能合约接收回款（保理公司）	在实境演练中，通过智能合约自动化结算接收融资回款与利息	根据实际情况，在联盟链上，相关保理公司通过智能合约，自动化结算相关的融资回款与利息

6.3.3　实训总结

1. 基于区块链技术的跨境保理业务总体业务流程

总体业务流程：①供应商基于在境外电商平台的订单，向保理公司申请融资；②保理公司，向跨境支付机构申请订单验证和额度锁定；③支付机构，从电商平台采集订单信息，并将订单状态和额度锁定写入授信平台的区块链账本中；④保理公司，从授信平台查询授信额度，根据查询结果确定放款额度；同时将放款情况写入授信平台的区块链账本，完成授信额度的更新；⑤电商平台，在到期后发起订单结算，由支付机构完成跨境收结汇；⑥支付机构，根据授信平台所记录的融资情况，优先支付给保理公司，完成还款；⑦支付机构，将剩余的款项支付给供应商，同时更新授信平台中的订单状态。

2. 基于区块链技术的跨境保理业务模式功能强大

基于区块链技术的跨境保理的管理业务模式主要提供如下 4 个方面的功能：①供应

商融资状态管理，包括多次融资申请、放款、还款等；②供应商订单状态管理，包括未结汇订单的信息采集、跨境结算等，已结汇订单的还款和支付等；③供应商授信额度查询，根据现有订单状态和融资情况，计算供应商的融资授信额度；④供应商信用数据查询，根据历史订单状态和融资情况，评估供应商的企业信用状态。

3. 基于区块链技术的跨境保理业务模式创新

在技术、业务模式、服务模式等方面都有所创新。

在技术上，引入区块链技术将常规保理业务和跨境支付业务有机地结合起来，确保数据的真实准确。表现在：①平台基于自主可控的联盟链框架“优链”进行设计开发，通过数字证书进行准入许可，对参与方进行身份认证和授权，确保数据上链前的真实性；②从基于 PKI 公开密钥体系、基于区块链的时间证明、基于拜占庭容错共识机制的集体维护这 3 个方面，确保了数据上链后不被篡改；③在数据准确性上，采用“以链上数据为主，以链外数据为辅”的方式，减少了链上、链下的数据不一致，从而降低了业务风险。

在业务模式上，采用 UTXO 模型对授信额度进行精确而灵活的控制和调整。表现在：①授信平台严格控制供应商每次融资额度不超过其总体授信额度；②授信平台及时根据其订单状态、融资情况、还款情况对授信额度进行精确的调整。

在服务模式中，重构了保理业务模式和供应商还款模式。表现在：①对保理公司而言，通过跨境支付公司可以确保订单回款将优先还款给保理公司，有效降低贷后风险，从而可以为更多的供应商提供融资服务，扩大其放贷业务范围；②对供应商而言，通过跨境支付公司，可以简化订单回款和融资还款等操作，提高业务效率，而通过保理公司，可以及时地获得融资服务，提高资金效率。以上这 3 点是区块链技术在跨境保理应用中的创新点。

4. 区块链的几种用途

通过本案例的学习，使学生初步认识了传统跨境保理的相关业务，了解了行业存在的三大痛点，在此基础之上更深刻理解了区块链技术的应用模式与创新价值，根据整个保理行业的特点，可以总结出区块链的几种用途。

第一，区块链具有透明性的特征，在整个链上的任何数据都可以被查询、追溯。而且由于其存储的记录不可篡改，降低了交易过程中的欺诈风险，在提高交易精度的同时简化了交易过程，降低了保持数据的原始性和交易追溯的成本，为整个供应链提供担保授信依据。

第二，当涉及跨境贸易时，由于境内保理公司很难与境外电子商务平台形成紧密绑定，只能采取独立商业保理模式。此时，保理公司不但需要到电商平台去验证订单的真实性，还要根据供应商的历史融资等信息，全面评估供应商信用，降低业务风险。其审核工作相对烦琐，而且难以控制资金流向，贷后风险管理成本高。基于区块链的跨境保理可以实现授信担保去中心化，实现支付与结算的自动化、高效化，让物流与资金流统一起来。

第三，传统的跨境电商征信调查、尽职调查、订单追踪、实地核查等环节花费大量的人力物力且耗时长，区块链技术为以上提到的几个环节提供便利。

第四，现阶段的征信系统、法律体系还不够完善，这就对保理业务的征信以及风控提出了更高的挑战。将区块链技术运用于征集平台、尽调等环节可以有效控制操作风险。

将调查的各个环节都真实地记录在区块链上，由于区块链的公开性、不可篡改性等特点，能够为保理公司的运营管理提供重要依据。

习　　题

1. 联盟链的特点有哪些？
2. 什么是商业保理？
3. 商业保理融资业务主要参与角色有哪些？
4. 传统商业保理业务痛点是什么？
5. 区块链跨境业务中用到哪些区块链技术？

第7章

证券、数字钱包、保险业务实训

本章知识点

（1）传统证券保险业务痛点。
（2）区块链证券投资业务特点。
（3）区块链保险业务特点。
（4）区块链钱包分类。
（5）区块链钱包密码库文件特点。
（6）搭建区块链钱包步骤。

本章以证券投资和保险案例为背景，让学生切实体验到区块链在基金保险业中的实际应用，并尝试搭建一个区块链钱包。主要内容包括：证券投资和保险理论知识、区块链基金和保险业务实训、搭建区块链钱包实训。

7.1 基于区块链技术的证券投资业务实训

7.1.1 证券投资理论准备

1. 证券投资基金

证券投资基金是指通过发售基金份额募集资金，形成独立的基金财产，由基金管理人管理或基金托管人托管，以资产组合方式进行证券投资，基金份额持有人按其所持份额享受收益和承担风险的投资工具。

基金参与主体一般分为3类，即基金当事人、市场服务机构、行业监管自律组织。

1）基金当事人

份额持有人（即投资者）、基金管理人、基金托管人（一般为商业银行）。

2）市场服务机构

基金销售机构、基金注册登记机构、律师事务所和会计事务所。

3）监管自律组织

基金监管机构（证监会）、基金自律机构（基金业协会）。

2. 传统证券投资基金行业痛点

1）缺少集中交易系统，增加操作难度，效率低

一般在哪家券商代销，产品就要在代销的券商那里开户交易。成立多个基金产品，就有多家券商提供经纪业务。甚至有的券商，由于代销的营业部不同，会要求私募成立不同的产品。这些产品体量不大，如果分成多个产品，就要多个账户同时交易，这在一家券商内部都无法协调，多家券商合作的协调难度可想而知，从而大大增加了交易的工作量和内耗。

2）需适应不同托管机构的系统差别，效率低

除去交易上的不便，还有一个问题也是私募绕不过去的。按照规定，私募基金的托管人必须是有托管资质的银行和券商。由于银行从事私募托管业务更早，话语权更大，私募基金基本上都是按照银行指定的系统操作，并没有多少发言权，这也让私募在托管机构选择上更偏向券商。但私募也必须面对不同托管机构的不同交易系统，以及由此带来的效率低下问题。

3）产品小而多致私募服务缺失，成本高

在私募公司发展初期，往往为了扩大规模竭尽所能扩展渠道，寻找多家券商进行代销，但大多券商的代销能力不足，产品规模都不大。私募基金又要为了控制成本节约人员支出，服务很难覆盖，这也是私募基金的服务缺失的原因之一。如果深挖一个渠道当然更好，可以用更多的时间服务一家，提升相互的默契和信任度。

3. 区块链技术在证券投资行业的作用

1）降低信任成本

区块链技术不一定拥有最佳的技术性能，提供的业务弹性也未必最佳。但是，区块链技术可以显著地降低市场主体间的信任成本。以往因缺乏信任而无法发起的业务，在使用区块链技术降低信任成本后则可以尝试开展。基于此，在证券行业中，可能会涌现出一批新的商业模式和金融产品。

2）降低基础设施铺设成本

近年来，成套的交易结算清算等基础设施价格逐步降低，但对于小型金融机构而言，仍是一笔需要慎重对待的开支。目前，区块链项目大多是基于开源代码，未来基于区块链交易场所的初始铺设成本将极低。在业务正式开展后，如果交易量有限，这些机构也无须购置专用的硬件设备和铺设专用网络。

3）降低法务成本

区块链具有基础规则公理化的特性。基于计算机代码的“智能合约”逻辑清晰，在技术成熟到一定程度后甚至可以自动执行。虽然，“智能合约”并不能适应于所有的合约类型，但是仍可在一定程度上降低合约的理解、裁决和执行等法务成本。

4）区块链证券投资业务实训步骤

实训步骤详见图7-1。

4. 区块链证券投资业务实训背景介绍

区块链证券投资业务实训中，分设4个角色：基金托管人、基金管理人、基金投资人、监管机构。

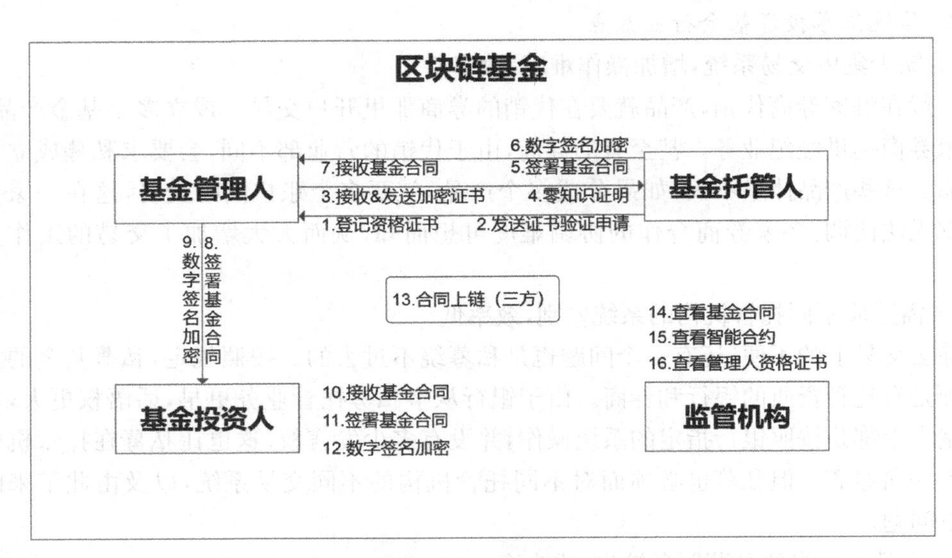

图 7-1 基于区块链技术的区块链基金实训业务流程

1）基金托管人（又称基金保管人）

是根据法律法规的要求，在证券投资基金运作中承担资产保管、交易监督、信息披露、资金清算与会计核算等相应职责的当事人。基金托管人是基金持有人权益的代表，通常由有实力的商业银行或信托投资公司担任。基金托管人与基金管理人签订托管协议。在托管协议规定的范围内履行自己的职责并收取一定的报酬。

2）基金管理人

是指凭借专门的知识与经验，运用所管理基金的资产，根据法律、法规及基金章程或基金契约的规定，按照科学的投资组合原理进行投资决策，谋求所管理的基金资产不断增值，并使基金持有人获取尽可能多收益的机构。负责基金发起设立与经营管理的专业性机构，通常由证券公司、信托投资公司或其他机构等发起成立，具有独立法人地位。基金管理人在不同国家（地区）有不同的名称。例如，在英国称投资管理公司，在美国称基金管理公司，在日本多称投资信托公司，在我国台湾称证券投资信托事业，但其职责都是基本一致的，即运用和管理基金资产。

3）基金投资人

指基金个人投资者、机构投资者和合格境外机构投资者，以及法律法规允许或经中国证监会批准，可以购买证券投资基金的其他投资者的合称。

4）监管机构

中国证监会是国务院直属正部级事业单位，其依照法律、法规和国务院授权，统一监督管理全国证券期货市场，维护证券期货市场秩序，保障其合法运行。国务院在《期货交易管理条例》中规定："中国证监会对期货市场实行集中统一的监督管理"。在证监会内部，专门设有期货监管部，该部门是中国证监会对期货市场进行监督管理的职能部门。

7.1.2　基于区块链技术的证券投资业务实训

1. 生成私钥、公钥

全体角色生成自己的私钥、公钥，任务描述如表7-1所示。

表7-1　生成私钥、公钥

任务名称	任务描述	任务数据
生成私钥、公钥（全体）	1. 学习数字签名、公钥、私钥知识 2. 在实境演练中，输入一段文字进行加密，生成属于自己的公钥和私钥，作为自己的唯一标识	1. 公钥、私钥、数字签名等文档 2. 数据：自定义

2. 角色选定

全体分别选择角色，任务描述如表7-2所示。

表7-2　角色选定

任务名称	任务描述	任务数据
角色选定（全体）	1. 学习角色及其工作内容 2. 在实境演练中，完成对角色的选定	1. 角色选定文档 2. 实训中共有4种角色：基金托管人、基金管理人、基金投资人、监管机构 3. 4种角色均需有人选取，角色数量要均衡

3. 登记资格证书

基金管理人角色登记资格证书，任务描述如表7-3所示。

表7-3　登记资格证书

任务名称	任务描述	任务数据
登记资格证书（基金管理人）	1. 学习中国证券投资基金业协会的发展历史与主要职能 2. 在实境演练中完成资格证书的登记操作	1. 中国证券投资基金业协会的发展历史文档 2.《私募投资基金管理登记证明》

4. 发送证书验证申请

基金托管人角色发送证书验证申请，任务描述如表7-4所示。

表7-4　发送证书验证申请

任务名称	任务描述	任务数据
发送证书验证申请（基金托管人）	1. 学习中国证券投资基金业协会的发展历史与主要职能 2. 在实境演练中完成证书验证申请的发送操作	1. 中国证券投资基金业协会的发展历史文档 2. 根据实际情况，选择相应基金管理机构人员的验证申请

5. 接收 & 发送加密证书

基金管理人角色接收和发送加密证书，任务描述如表 7－5 所示。

表 7－5 接收&发送加密证书

任务名称	任务描述	任务数据
接收 & 发送加密证书（基金管理人）	1. 学习公募、私募的概念 2. 在实境演练中完成加密证书接收和发送任务操作	1. 公募私募文档 2. 根据实际情况，在列表中选择相应的加密证书

6. 验证数字摘要证书

基金托管人角色验证数字摘要证书，任务描述如表 7－6 所示。

表 7－6 验证数字摘要证书

任务名称	任务描述	任务数据
验证数字摘要证书（基金托管人）	1. 学习零知识证明 2. 在实境演练中完成证书验证任务操作	1. 零知识证明文档 2. 根据实际情况，在列表中选择相应的数字摘要证书

7. 签署基金合同

基金托管人角色签署基金合同，任务描述如表 7－7 所示。

表 7－7 签署基金合同

任务名称	任务描述	任务数据
签署基金合同（基金托管人）	1. 学习基金合同与国内外的监管现状 2. 在实境演练中完成基金合同签署操作	1. 基金合同文档 2. 根据实际情况，在列表中选择相应基金管理人

8. 查看基金合同

监管机构角色看基金合同，任务描述如表 7－8 所示。

表 7－8 查看基金合同

任务名称	任务描述	任务数据
查看基金合同（监管机构）	1. 学习监管的法律架构 2. 在实境演练中用私钥解密查看基金合同	1. 监管法律文档 2. 根据实际情况，在基金合同列表中选择要查看的基金合同

9. 数字签名加密

基金托管人角色数字签名加密，任务描述如表 7－9 所示。

表7-9　数字签名加密

任务名称	任务描述	任务数据
数字签名加密（基金托管人）	1. 学习监管的法律架构 2. 在实境演练中，完成任务操作	1. 监管法律文档 2. 根据实际情况，在列表中选择相应合同加密

10. 查看智能合约

监管机构角色查看智能合约，任务描述如表7-10所示。

表7-10　查看智能合约

任务名称	任务描述	任务数据
查看智能合约（监管机构）	1. 学习智能合约、区块链＋证券的登记、托管、发行、交易、结算和清算知识 2. 在实境演练中完成查看任务	1. 智能合约、交易结算等文档 2. 根据实际情况，在智能合约列表中选择要查看的合约

11. 接收基金合同

基金管理人角色接收基金合同，任务描述如表7-11所示。

表7-11　接收基金合同

任务名称	任务描述	任务数据
接收基金合同（基金管理人）	1. 学习基金合同与国内外的监管现状 2. 在实境演练中接收基金合同	1. 基金合同文档 2. 根据实际情况，在基金合同列表中选择相应签订的基金合同

12. 签署基金合同

基金管理人角色签署基金合同，任务描述如表7-12所示。

表7-12　签署基金合同

任务名称	任务描述	任务数据
签署基金合同（基金管理人）	1. 学习区块链应用于证券市场的风险、挑战与优势知识 2. 在实境演练中完成合同签署任务操作	1. 区块链应用于证券市场的风险、挑战与优势文档 2. 根据实际情况，在基金合同列表中选择要查看的基金合同

13. 数字签名加密

基金管理人角色数字签名加密，任务描述如表7-13所示。

表 7-13　数字签名加密

任务名称	任务描述	任务数据
数字签名加密（基金管理人）	1. 学习监管的法律架构、态度与底线 2. 在实境演练中完成合同加密操作	1. 监管法律文档 2. 根据实际情况，在列表中选择相应的合同加密

14. 接收基金合同

基金投资人角色接收基金合同，任务描述如表 7-14 所示。

表 7-14　接收基金合同

任务名称	任务描述	任务数据
接收基金合同（基金投资人）	1. 学习基金合同与国内外的监管现状 2. 在实境演练中完成合同接收操作	1. 基金合同文档 2. 根据实际情况，在基金合同列表中选择所签订的基金合同

15. 签署基金合同

基金投资人角色签署基金合同，任务描述如表 7-15 所示。

表 7-15　签署基金合同

任务名称	任务描述	任务数据
签署基金合同（基金投资人）	1. 学习基金合同与国内外的监管现状 2. 在实境演练中完成合同签署操作	1. 基金合同文档 2. 根据实际情况，在基金合同列表中选择所签订的基金合同

16. 数字签名加密

基金投资人角色数字签名加密，任务描述如表 7-16 所示。

表 7-16　数字签名加密

任务名称	任务描述	任务数据
数字签名加密（基金投资人）	1. 学习监管的法律架构、态度与底线 2. 在实境演练中完成合同加密操作	1. 监管法律文档 2. 根据实际情况，在列表中选择相应合同加密

17. 查看管理人资格证书

监管机构角色查看管理人资格证书，任务描述如表 7-17 所示。

表7－17　查看管理人资格证书

任务名称	任务描述	任务数据
查看管理人资格证书（监管机构）	1. 学习中国证券投资基金业协会的发展历史与主要职能 2. 在实境演练中完成资格证书查看操作	1. 中国证券投资基金业协会的发展历史与主要职能文档 2. 根据实际情况，在基金管理人资格列表中选择要查看的基金管理人资格证书

18. 托管人合同上链

基金托管人角色将托管人合同上链，任务描述如表7－18所示。

表7－18　托管人合同上链

任务名称	任务描述	任务数据
托管人合同上链（基金托管人）	1. 学习证券基于交易所、区块链、通证、协议的治理方式 2. 在实境演练中完成合同上链操作	1. 证券基于交易所、区块链、通证、协议的治理方式文档 2. 根据实际情况，在列表中选择相应的合同

19. 管理人合同上链

基金管理人角色管理人合同上链，任务描述如表7－19所示。

表7－19　管理人合同上链

任务名称	任务描述	任务数据
管理人合同上链（基金管理人）	1. 学习区块链＋证券模式的探索与风险 2. 在实境演练中，完成合同上链任务操作	1. 区块链＋证券模式文档 2. 根据实际情况，在列表中选择相应的合同

20. 投资人合同上链

基金投资人角色投资人合同上链，任务描述如表7－20所示。

表7－20　投资人合同上链

任务名称	任务描述	任务数据
投资人合同上链（基金投资人）	1. 学习区块链＋证券模式的探索与风险 2. 在实境演练中完成合同上链操作	1. 区块链＋证券模式文档 2. 根据实际情况，在列表中选择相应的合同

21. 验证合同一致性

监管机构角色验证合同一致性，任务描述如表7－21所示。

表 7-21 验证合同一致性

任务名称	任务描述	任务数据
验证合同一致性（监管机构）	1. 学习区块链＋证券模式的探索与风险 2. 在实境演练中完成合同验证操作	1. 区块链＋证券模式文档 2. 在列表中选择要验证合同

7.2 区块链钱包实训

7.2.1 区块链钱包理论准备

1. 区块链钱包

可以把区块链钱包的地址想象成一个银行卡号，别人可以向你的钱包地址转账。一般地址和私钥是成对出现的，它们的关系就像银行卡号和密码。地址就像银行卡号一样用来记录你在该钱包地址上存有多少币。只有你在知道银行密码的情况下才能使用银行卡号上的钱。所以，在使用区块链钱包时请保存好区块链地址和区块链私钥。

区块链公钥是密码学上的一个概念，是通过一种算法得到的，一般区块链公钥和区块链私钥是成对出现的。例如，甲要传送一个信息给乙，而这封信的内容是机密的。甲用乙的区块链公钥加密来送信，而只有用乙的区块链私钥才能够看到这封信的内容。也就是说甲仅仅充当了一个邮递员的角色，只有保管私钥的人才能看到这封信的内容。

区块链私钥可以看成是银行卡密码。它是一个随机数，这个随机数的概率空间很大(256 位，也即是 2 的 256 次方，例：随机生成私钥：抛硬币 256 次，用纸和笔记录正反面并转换为 0 和 1，随机得到的 256 位二进制数字可作为比特币钱包的私钥)2 的 256 次方是个什么概念呢？比宇宙中的分子还要多。也就是说，不可能生成 2 个一样的区块链私钥。备份区块链钱包开发后，会出现一个备份助记词功能，选择备份助记词，输入密码，会出现 12 个单词，每个单词之间有一个空格，这个就是助记词，一个钱包只有一个助记词且不能修改。助记词是私钥的另一种表现形式，具有和私钥同样的功能，在导入区块链钱包中，输入助记词并设置一个密码(不用输入原密码)，就能进入区块链钱包并拥有这个钱包的掌控权，就可以把钱包中的代币转移走。

2. 区块链钱包和普通钱包的区别

普通钱包，即交易所提供的是一种中心化的钱包，采用传统的用户名密码方式登录。钱包的私钥是不属于用户的，用户看到的只是虚拟账户的数字。用交易所钱包，优点是方便，无须自己管理；缺点是不安全，交易所可能被黑，账务可能被黑，所以使用交易所账户务必启用多重验证。比如货币提币需要四重验证：密码、短信、邮件和 Google 验证码。被大家所普遍使用的钱包，包括 Bitcoin Electrum，以太的 MyEtherWallet，imtoken 和 Jaxx。这类钱包的私钥在用户自己手里的，更安全一些，而且简单易用。局限性在于，完成交易签名后，把交易广播出去还是依赖中心化节点服务器，遇到业务量大时，服务器性能过载，可能导致交易无法成功发送。

区块链钱包属于冷钱包，安全系数高，钱包私钥和地址的生成在无网络的情况下完成。纸钱包将私钥和地址打印在纸上，即使电子设备损坏也无妨。局限性是每次要扫描私钥二维码到钱包软件，转账频繁的话非常麻烦。这里不从技术和系统层面谈各类钱包风险，重点提醒大家一定要保护好区块链的私钥。密钥绝不能丢！也不要轻易告诉别人！因为它代表了钱包的所有权和对它的操作权，不同于银行卡的密码，忘记了还可以先冻结，凭身份证去重置。在区块链的世界里，一旦你弄丢私人密钥，钱包就永远也不再属于你了，没有中心机构可以追溯，也没有法律可以对你进行保护。

3. 钱包的分类方法

1）托管(Offchain)钱包与链上(Onchain)钱包

Chain 指 Blockchian 即区块链，Off 是不在链上，On 是在链上。两者的区别如下。

区别一：用户间交易数据是否链上可见。Offchain 是用户间交易不在链上可见，比如十一与十一的小伙伴都是 Cobo 用户，那么他们的交易数据在链上不可见。Onchain 是链上交易，即所有的交易都在区块链上可查。将 Offchain 与 Onchain 结合起来，即 Cobo 用户间转账类似支付宝用户间的转账，这样的转账不会通过网银；但如果支付宝用户向银行卡转账就需要通过网银。Cobo 用户向非 Cobo 钱包的地址转账，需要 Onchain，所有交易数据就会在链上可见。因此，Offchain 与 Onchain 不是绝对独立的，如果 Cobo 用户向 Cobo 用户发送了一笔交易，那么就是 Offchain 交易，如果 Cobo 用户向其他钱包用户发送一笔交易就是 Onchain 交易。目前世界排名第一第二的数字钱包公司为托管钱包。

区别二：用户是否需要自己保存私钥。托管钱包帮助用户保管私钥地址，因此用户在注册的时候不需要输入助记词，也不支持用户私钥导入功能。可以理解为托管钱包是数字资产领域里的银行。从全球范围来看，目前出现的重大丢币事件，一方面是用户自己没有做好对于私钥的保管，另一方面是平台本身没有帮助用户做好私钥的保护。因此，如果将自己的私钥由托管钱包代为保管，那么请一定要选择一个安全可靠的托管钱包平台。

2）非确定性钱包与确定性钱包

非确定性钱包(nondeterministic wallet)的每个密钥都是从随机数独立生成的。密钥间彼此无关。比特币客户端(Bitcoin-QT)之前就是非确定性钱包。

确定性钱包(deterministic wallet)所有的密钥都是从一个主密钥派生出来，这个主密钥即为种子。该类型钱包中所有密钥都相互关联的，如果有原始种子，则可以再次生成全部密钥。确定性钱包中使用了许多不同的密钥推导方法。最常用的推导方法是使用树状结构，称为分级确定性钱包或 HD 钱包。确定性钱包由种子衍生创造。为了便于使用，种子被编码为容易记录的字符(英文、中文或其他单词等)，也称为助记词。

两种类型的钱包只含有密钥，而不是数字货币。每个用户有一个包含多个密钥的钱包。钱包只包含私钥/公钥对的密钥链。用户用密钥签名交易，从而证明他们拥有交易输出(他们的数字货币)。数字货币以交易输出的形式存储在区块链中。可以理解为存在钱包里的不是数字货币而只是私钥，这个私钥的可以导入到其他任何相同类型的钱包中，在导入后的钱包里也显示与之前相同量的数字货币。

非确定性钱包与确定性钱包最大的区别显而易见，即密钥之间的关系，前者为离散，后者为从属或者树状结构。而非确定性钱包(以之前的 Bitcoin - QT 钱包为例)最大的问题在于找零机制的存在，使得钱包必须被经常性地备份，用起来烦琐，目前非确定钱包正在被确定性钱包替换。目前国内市场常用的钱包为 HD 钱包，需要用户自己保存私钥。

Cobo继托管钱包后又推出HD钱包，支持私钥的输入与导入。

3）冷钱包与热钱包

冷钱包也叫离线钱包；热钱包就是保持联网上线的钱包，也就是在线钱包。相对而言，冷钱包不联网会比热钱包更安全。

7.2.2 区块链钱包实训

本实训系统中，基于星云链搭建钱包。依托不同的链，钱包搭建步骤是不一样的，但包含的知识点基本上是一致的。基于星云链搭建区块链钱包共分为8个步骤。

1. 新建钱包

全体新建钱包，任务描述如表7-22所示。

表7-22 新建钱包

任务名称	任务描述	任务数据
新建钱包（全体）	1. 学习区块链钱包的基础、区块链钱包的安全机制 2. 在实境演练中完成新建钱包的任务	1. 区块链钱包的基础、区块链钱包的安全机制文档 2. 输入9位数以上的钱包密码 （注意：①该密码用于加密私钥；②它不作为产生私钥的种子；③需要该密码＋私钥以解锁钱包）

思考学习：

（1）创建的钱包是网络钱包，相对来说比较简单。网络钱包需要在浏览器上方输入特定的网址（这个网址是区块链厂家提供的），输入网址的过程就是接入到区块链的过程，即成为这个区块链上的一个节点。

（2）钱包密码就相当于银行卡密码。

（3）钱包密码的特征：在现实世界中，一个银行卡只对应一个密码，修改密码后，原密码就失去了作用。但是在区块链钱包中，一个钱包在不同手机上可以用不同的密码，彼此相互独立。例如，在A手机钱包中设置了一个密码，在B手机导入这个钱包并设置一个新密码，并不影响A手机钱包的密码使用。

（4）为了钱包的安全，设置的钱包密码应尽量复杂，并且要保护好。在后面步骤中，钱包密码将用于钱包的支付和保护私钥，所以要把设置的密码记住。

2. 保存密码文件

全体保存密码文件，任务描述如表7-23所示。

表7-23 保存密码文件

任务名称	任务描述	任务数据
保存密码文件（全体）	1. 学习密码库文件、常见的几种加密方式、网络密码的设置规则等知识 2. 在实境演练中完成对密码库文件的保存	1. 密码库文件、常见的几种加密方式、网络密码的设置规则文档 2. 密码库文件 3. 钱包密码

思考学习：

(1) Keystore也称密码库文件，是用来存储私钥的一种文件格式(JSON)。也就是说密码库文件是存放用户私钥的。它使用用户自定义的密码加密，以起到一定程度上的保护作用，其保护力度取决于用户加密该钱包的密码强度。类似于123456这样的密码，是极为不安全的，所以在上一步设置密码时，一定要复杂，这样密码库文件就会更安全。

(2) 生成密码库文件，就是生成私钥的过程，密码设置得越复杂，生成的私钥越安全，越不容易受到攻击。生成的私钥用于之后配合密码来支付交易或者货币。

(3) 单击“下载密码库文件”按钮，会在本地计算机上生成一个扩展名为.JSON的文件，这个文件就是密码文件。文件名是一串数字和字母组成的字符串，就是区块链钱包地址，文件里面存放了私钥。一定要把存放文件的位置记住，接下来会用到。

(4) 密码库文件和密码配合能解锁账户里面的数据，就相当于银行卡号与银行卡密码配合解锁银行卡的数据。

(5) 密码库文件包含了两部分的内容，区块链地址和私钥。但是银行卡号只是用户地址，所以两者是不一样的。

(6) 私钥经过密码加密就是密码库文件。在解锁钱包数据或者支付时，必须输入密码，是为了解密私钥，再导入密码库文件，用于和密码配对。

(7) 密码库文件＋密码＝私钥：密码库文件和密码配合即为私钥，可以解锁钱包数据。

(8) 密码库文件属于加密私钥，和钱包密码有很大关联。钱包密码修改后密码库文件也就相应变化，在用密码库文件导入钱包时，需要输入密码，这个密码是保存密码库文件时的钱包密码，与之后密码的修改无关。

3. 解锁钱包

全体解锁钱包，任务描述如表7-24所示。

表7-24　解锁钱包

任务名称	任务描述	任务数据
解锁钱包(全体)	1. 区块链钱包的商业模式 2. 在实境演练中完成钱包的解锁	1. 区块链钱包商业模式文档 2. 钱包文件(密码库文件) 3. 钱包密码

思考学习：

(1) 解锁钱包。所搭建的钱包是处于加密状态，需要用设置的加密机制进行解密，将钱包解锁。这个概念很好理解，和解锁银行卡里面的资产是一样的，需要拿到银行卡和密码，才能解锁里面的数据资产。

(2) 解锁钱包的目的：第一，验证密码和密码库文件的有效性；第二，查看钱包里面的数据。便于今后案例体验时进行转账、交易、发送数据和查询账户。

(3) 解锁钱包需要密码库文件和密码，两者相互配对，共同解锁钱包的数据。

(4) 一个密码库文件对应一个密码。可以把钱包理解成一个实体的钱包，那么密码库文件就相当于一张银行卡，但是一个钱包里会有多张银行卡，也就是说区块链钱包就会有多个密码库文件，每一个密码库文件对应一个密码。

4. 部署智能合约

全体部署智能合约，任务描述如表 7-25 所示。

表 7-25 部署智能合约

任务名称	任务描述	任务数据
部署智能合约（全体）	1. 学习智能合约的工作原理，智能合约与法律的关系 2. 在实境演练中完成智能合约的部署	1. 智能合约相关文档 2. 系统中显示的智能合约代码 3. 钱包文件 4. 钱包密码

思考学习：

(1) 这个合约代码是基于星云链编写的，不同链上智能合约的代码规则是不一样的。在这里不用深究代码书写规则，只需知道这段代码代表了交易时的规则，规定了之后的交易双方必须按照代码的内容进行执行。在[编程语言栏]，提供了两种编程语言类型：JavaScript 和 TypeScript。通俗地讲就是采用了什么语言编写的智能合约，仅做了解即可。本系统默认的是 JavaScript 语言。

(2) 部署智能合约的目的：第一，智能合约是在钱包中部署的；第二，合约的部署有特定的语言格式，不同的区块链要求的语言不同；第三，智能合约是在特定的位置被执行，并且是为了约束链上的用户必须按照智能合约所规定的规则进行交易。

(3) 部署智能合约必须解锁钱包。因为智能合约是随着区块链地址发生的，也就是说当自己要给对方区块链地址转账、发送数据时，要把智能合约部署到这笔交易上，代表了这笔交易要按照这个合约执行。所以，部署智能合约要解锁钱包，拿到区块链地址。另外一个原因是，部署智能合约要花费。部署用户的资产，这个资产就是区块链上的 Token（片面的意思是代币），相当于手续费，目的是为了让区块链上的矿工能打包你的交易数据和执行智能合约。所以，必须要解锁钱包，拿到账户里面的余额。

(4) 不能单独部署智能合约。第一，从根本上来讲，目前区块链还不支持单独部署代码，这是区块链的底层决定的；第二，即使能单独部署，也没有矿工替你执行和打包，这样就没有意义。

5. 测试钱包生成交易

全体测试钱包生成交易，任务描述如表 7-26 所示。

表 7-26 测试钱包生成交易

任务名称	任务描述	任务数据
测试钱包生成交易（全体）	1. 学习区块链钱包的架构、区块链钱包作为资产管理平台的价值 2. 在实境演练中完成区块链钱包的交易测试任务	1. 区块链钱包的架构、区块链钱包的价值文档 2. 钱包文件 3. 钱包余额

思考学习：

(1) 交易：区块链上的交易是两个区块链地址之间的数据流转。

(2) Nonce：随机数，在星云链上代表当前交易是第几笔，为了防止重复交易，在每笔交易上都加上一个随机数。

(3) 交易哈希：交易哈希是标记转账需要的字符段，通俗来讲就是转账凭证，是一串经过哈希算法加密的字符串，保证交易信息的安全性和隐私性。

(4) 验证区块链钱包是否搭建成功，需要有三方面的验证：第一，通过发送一笔交易进行验证；第二，验证钱包里面的余额是否发生对应的变化；第三，验证交易哈希，通过输入交易哈希来查看交易详情。

6. 查看钱包

全体查看钱包，任务描述如表 7－27 所示。

表 7－27　查看钱包

任务名称	任务描述	任务数据
查看钱包（全体）	1. 学习区块链钱包的技术原理 2. 在实境演练中完成查看区块链钱包的任务	1. 区块链钱包的技术原理、区块链钱包中的公、私钥地址的解读文档 2. 钱包文件、钱包余额

思考学习：

查看钱包目的是验证上一步转账的金额是否转出去了，通过查看钱包余额来验证区块链钱包的创建是否成功。

7. 查看交易状态

全体查看交易状态，任务描述如表 7－28 所示。

表 7－28　查看交易状态

任务名称	任务描述	任务数据
查看交易状态（全体）	1. 学习区块链钱包中的交易流程、区块链中交易证明机制——时间戳的知识 2. 在实境演练中完成查看交易状态的任务	1. 区块链钱包中的交易流程、区块链中交易证明机制——时间戳文档 2. 交易哈希

思考学习：

(1) 通过交易哈希来查看当前交易详情。

(2) 交易哈希是全网共识和记账的，能达到可追溯的目的。

(3) 交易哈希的根本技术是哈希加密算法，这也就意味着交易是不可篡改的。

8. 交易哈希记录

全体查询交易哈希记录，任务描述如表 7－29 所示。

表 7-29　交易哈希记录

任务名称	任务描述	任务数据
交易哈希记录（全体）	1. 学习交易哈希、哈希算法在信息安全方面的应用 2. 在实境演练中完成交易哈希的记录查询	1. 哈希相关文档 2. 交易哈希记录列表

思考学习：每发生一笔交易就会在这里产生一个交易哈希，并记录发生该笔交易的时间、产生交易的区块链地址等信息。

7.3 基于区块链技术的商业保险业务实训

7.3.1 保险业务理论准备

1. 商业保险

商业保险是指通过订立保险合同运营，以营利为目的的保险形式，其由专门的保险企业经营。商业保险关系是由当事人自愿缔结的合同关系，投保人根据合同约定，向保险公司支付保险费，保险公司根据合同约定的可能发生的事故和因其发生所造成的财产损失承担赔偿保险金责任，或者当被保险人死亡、伤残、疾病，或达到约定的年龄、期限时，承担给付保险金责任。

2. 保险行业新趋势及新挑战

近年来我国保险行业整体规模呈现快速增长。根据银保监会公布的数据，2017 年我国原保险保费收入持续增长，已逼近 4 万亿大关。同时，保险行业净资产、总资产等其他反映行业发展规模的数据也都大幅度持续上升。

尽管我国保险行业已经达到万亿的规模，但在保险深度（保费总额与 GDP 比重）和保险密度（人均保费）这两项重要指标上，中国距离发达国家仍然有很大差距。

3. 我国保险业正处于转型发展的关键节点

保险行业近年来一直保持着高速稳定的增长态势。原银保监会数据显示：中国保险行业原保险保费收入的年均复合增长率为 18.90%，远高于同期我国名义国内生产总值年均复合增长率 8.33%的水平。另一方面，同西方发达国家相比，我国保险渗透率整体偏低。以寿险产品为例，我国寿险保单持有人数占总人口的 8%，人均持有保单 0.13 张，而美国为 3.5 张，日本为 8 张，说明我国保险行业还有很大的发展空间。

4. 商业保险行业的痛点

1）数据利用率低，风险定价难

保险业基于大数法则，与数据有着天然的联系。不过，传统的保险产品设计和定价，多是千人一面。保险作为一种风险管理手段，最理想的定价方式就是根据每个投保个体的风险水平制定对应的价格，但是由于传统保险公司对数据的掌握程度有限，数据缺乏更新和反馈渠道，数据孤岛现象严重等问题，真正的差别定价难以实现。

2）保险行业不透明，渠道费用昂贵

传统保险行业存在中心化的保险公司，它将大部分的精力放在保险资金的管理而非保险产品的设计上。从保险公司到各级分销渠道，它们赚取了大部分的利润，这导致保险费高昂，但真正用在理赔上的费用并没有那么多。

3）骗保风险，信任匮乏，理赔效率低

保险企业数量多、差异大，中介、代理等中间环节也很多。就保险公司而言，在进行保险赔付时，要经过一套规定的理赔流程："这个流程的环节比较多，手续也比较复杂，客户很难清楚地了解保险公司的赔付流程。如果保险公司没有及时、明确地告知程序，客户带不全所需的资料，就容易跑冤枉路。"

4）区块链对保险业行业的改进

区块链对保险业务的改造，主要包括3个方面：①基于区块链的信息共享及公证平台，提高保险运作的透明度，以及加速行业数据分析协同，重点体现在再保险与直保公司间的协同，以及相互保险产品改造；②以保单上链和保单质押为核心的行业整合及标准化建设；③另外，基于区块链溯源的特性，能够在农业保险及自然灾害险领域发挥一定价值。

5. 区块链商业保险解决方案

1）重构信用体系，实现真正的差别定价

凭借区块链去中心化的特点，能够建立一个基于网络的公共账本，所有数据公开透明、不可篡改，且这些数据随着时间的推移不断丰富翔实。保险公司可以依据这些真实有效的信息为每个投保个体定制专属保险产品，实现真正的差别定价并且更好地契合投保人的实际需求，这将有效解决保险行业中普遍存在的"逆向选择"问题。

区块链和物联网、生物识别等技术的运用可以为保险产品的设计提供较为精确的场景识别服务，为保险公司基于特定风险场景开发创新产品提供支持，也使更具个性的定制化保险得以实现。保险公司可以约定基于不同场景承担不同的保险责任，风险一旦发生，如果满足保险合约中的相关约定，则可自动理赔。

保险公司也可针对特定的风险场景为用户提供临时投保的产品，为被保险人提供更多的主动风险管理的机会。如被保险人在自驾游期间突然遇到恶劣天气，可以通过临时提高保障程度应对风险，天气好转之后即可降低保险条件。再如在被保险人将汽车租赁给他人期间，或者在被保险人接受他人"拼车"期间，也可临时安排相关保险条款，覆盖相应风险。在人身险中，也可利用区块链技术允许被保险人根据自身的风险状况，调整保险方案。如被保险人从事风险较大的体育运动时，可临时扩大保险合同保障范围。

2）优化流程，有效削减渠道成本

一方面，信息不对称、逆向选择问题的解决让整个保险体系更加公平、高效，会极大提升客户的投保意愿，这将在一定程度上降低保险的销售难度，进而节省渠道费用。

另一方面，虽然在现有市场环境下，区块链技术短时间内很难颠覆保险现有的渠道格局。但区块链技术可以优化保险销售流程，降低各个环节的查询、核实以及保单管理的人力、物力成本，从而削减渠道成本。

从保险公司的角度看，应用区块链技术可以简化销售流程，节省销售成本。意愿投保人通过渠道购买保单，渠道商将投保人信息统一发送到区块链平台，省去了以往人工传送、受理、审核、反馈等烦冗的流程。

从监管角度讲，区块链技术可以实现保险销售行为的可追溯监管，从而规范保险销售行为，维护消费者合法权益，促进行业持续健康稳定发展。

在理赔环节中，应用区块链技术可通过智能合约简化索偿提交程序，不需要保险代理人介入，将极大缩短处理周期。通过分布式账本中的历史索偿和资产来源记录，可更加容易地识别可疑行为。

在反欺诈环节中，区块链可从两方面进行着手。一是建立反欺诈共享平台，通过历史索偿信息减少欺诈和加强评估；二是通过使用可信赖的数据来源及编码化商业规则建立“唯一可识别的身份信息”，防止冒用身份。

3）智能合约技术提升理赔效率，实现“自我保险”

智能合约是区块链的核心技术和应用之一，它通过将条款和条件编成代码，当获得特定指令时，会自动触发并强制执行。而在保险领域，智能保险合约可以在一定情况下自动进行理赔。

利用智能合约在售前环节采集标准化的客户信息，采集的信息自动写入智能合约；在售后环节（理赔），当客观因素触发合约，合约根据设定的条件支付理赔款项，完成整个流程。去除了中间环节（销售、解释、核保、出具保单、理赔资料采集等），降低了成本，提升了理赔效率。目前来看，只有航延险、取消险等少数险种能够通过智能合约改造。

2017 年 5 月，众安信息技术服务有限公司发布了基于区块链技术和人工智能的“安链云”。“安链云”电子保单存储系统通过区块链技术保证电子保单的安全性，并扩宽了电子保单的应用范围，保单信息实现去中心化的储存，解决了信息丢失的烦恼。区块链技术的不可篡改性，使电子保单更具安全性。在投保人投保的保险事件发生后，智能合约能够自动进行理赔，保险服务更便捷、高效。

使用智能合约代码编写保单条款，根据约定规则自动运算，通过开发和部署智能合约用于存储及管理电子保单，通过结合人工智能实现自动理赔，这就提高了互联网保险的安全性，并提升了用户体验。加之智能合约能够固定保单，也避免了违规交易。

6. 区块链保险实训角色与步骤

1）商业保险业务实训角色

实训共分 4 个角色：投保人、保险经纪人、保险公司、监管机构。

2）区块链商业保险业务实训步骤

区块链商业保险业务实训步骤详如图 7－2 所示。

7.3.2 基于区块链技术的商业保险业务实训

1. 登记资格证书

保险经纪人角色登记资格证书，任务描述如表 7－30 所示。

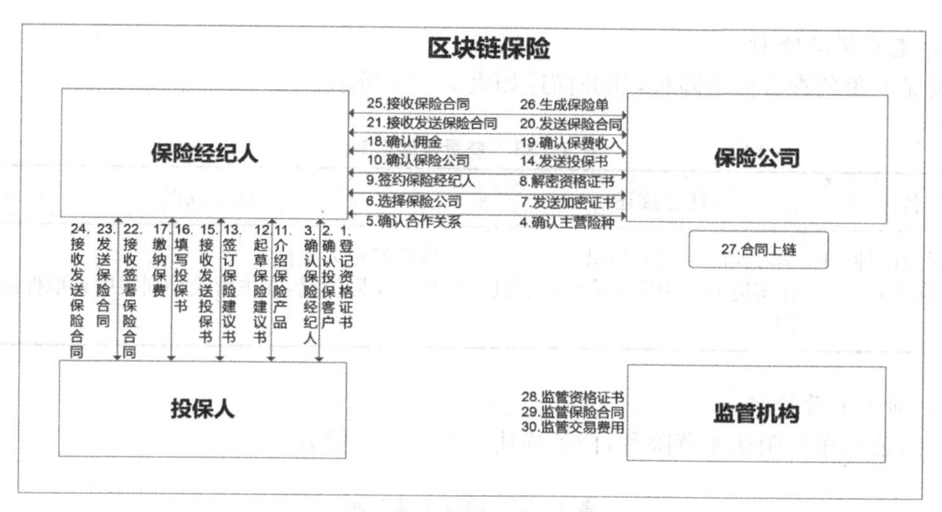

图 7-2 基于区块链技术的区块链保险实训业务流程

表 7-30 登记资格证书

任务名称	任务描述	任务数据
登记资格证书（保险经纪人）	1. 学习保险种类、欺诈识别、防线防范知识 2. 在实境演练中，完成证书登记任务操作	1. 保险种类相关文档 2. 自定义《保险经纪人登记资格证书》数据

2. 确认投保客户

保险经纪人角色确认投保客户，任务描述如表 7-31 所示。

表 7-31 确认投保客户

任务名称	任务描述	任务数据
确认投保客户（保险经纪人）	1. 学习保险经纪人的概念 2. 在实境演练中，完成投保人确认任务操作	1. 保险经纪人文档 2. 根据实际情况，在投保客户列表中选择相应投保人

3. 确认保险经纪人

投保人角色确认保险经纪人，任务描述如表 7-32 所示。

表 7-32 确认保险经纪人

任务名称	任务描述	任务数据
确认保险经纪（投保人）	1. 学习保险种类、欺诈识别知识 2. 在实境演练中完成任务操作	1. 保险种类文档 2. 根据实际情况，在保险经纪人列表中选择相应保险经纪人

4. 查看保险险种

投保人角色查看保险险种，任务描述如表 7-33 所示。

表 7-33　查看保险险种

任务名称	任务描述	任务数据
查看保险险种（投保人）	1. 学习保险经纪人知识 2. 在实境演练中完成险种查看任务操作	1. 保险经纪人文档 2. 根据实际情况，在主营险种列表中选取保险

5. 确认主营险种

保险公司角色确认主营险种，任务描述如表 7-34 所示。

表 7-34　确认主营险种

任务名称	任务描述	任务数据
确认主营险种（保险公司）	1. 学习保险种类、欺诈识别 2. 在实境演练中完成险种确认任务操作	1. 保险种类、欺诈识别文档 2. 根据实际情况，在主营险种列表中选取、确认投保人所投保险

6. 确认合作关系

保险公司角色确认合作关系，任务描述如表 7-35 所示。

表 7-35　确认合作关系

任务名称	任务描述	任务数据
确认合作关系（保险公司）	1. 学习区块链在保险行业中的应用 2. 在实境演练中完成合作关系确认任务操作	1. 区块链在保险行业中的应用文档 2. 根据实际情况，在保险经纪人列表中选择相应保险经纪人

7. 选择保险公司

保险经纪人角色选择保险公司，任务描述如表 7-36 所示。

表 7-36　选择保险公司

任务名称	任务描述	任务数据
选择保险公司（保险经纪人）	1. 学习保险经纪人在经济互动中的地位、作用与受到的监管知识 2. 在实境演练中完成保险公司选择任务操作	1. 保险经纪人文档 2. 根据实际情况，在保险公司列表中选择合作的保险公司

8. 发送加密证书

保险经纪人角色发送加密证书，任务描述如表 7-37 所示。

表7－37　发送加密证书

任务名称	任务描述	任务数据
发送加密证书（保险经纪人）	1. 学习经纪人与代理人的区别，和保险经纪人的监管规定知识 2. 在实境演练中完成加密证书发送任务操作	1. 经纪人与代理人区别文档 2. 根据实际情况，在保险公司列表中选择合作的保险公司

9. 解密资格证书

保险公司角色解密资格证书，任务描述如表7－38所示。

表7－38　解密资格证书

任务名称	任务描述	任务数据
解密资格证书（保险公司）	1. 学习数字签名的基本概念和可仲裁数字签名、RSA数字签名 2. 在实境演练中完成解密任务操作	1. 数字签名文档 2. 根据实际情况，在合作保险经纪人列表中选择证书解密

10. 签约保险经纪人

保险公司角色签约保险经纪人，任务描述如表7－39所示。

表7－39　签约保险经纪人

任务名称	任务描述	任务数据
签约保险经纪人（保险公司）	1. 学习区块链保险的应用与保险经纪人的概念 2. 在实境演练中完成签约任务操作	1. 区块链保险的应用文档 2. 根据实际情况，在合作保险经纪人列表中选择合作人

11. 确认保险公司

保险经纪人角色确认保险公司，任务描述如表7－40所示。

表7－40　确认保险公司

任务名称	任务描述	任务数据
确认保险公司（保险经纪人）	1. 学习保险经纪人、新机动车商业保险知识 2. 在实境演练中完成确认保险公司的任务操作	1. 保险经纪人、新机动车商业保险文档 2. 根据实际情况，在保险公司列表中选择合作的保险公司

12. 介绍保险产品

保险经纪人角色介绍保险产品，任务描述如表7－41所示。

表 7-41　介绍保险产品

任务名称	任务描述	任务数据
介绍保险产品（保险经纪人）	1. 学习区块链对保险的意义 2. 线下完成保险介绍任务操作	1. 区块链对保险的意义文档 2. 寻找投保人介绍险种

13. 起草保险建议书

保险经纪人角色起草保险建议书，任务描述如表 7-42 所示。

表 7-42　起草保险建议书

任务名称	任务描述	任务数据
起草保险建议书（保险经纪人）	1. 学习保险市场与区块链＋保险知识 2. 在实境演练中完成起草建议书任务操作	1. 保险市场文档 2. 根据实际情况，在投保人列表中选择合作投保人

14. 签订保险建议书

投保人角色签订保险建议书，任务描述如表 7-43 所示。

表 7-43　签订保险建议书

任务名称	任务描述	任务数据
签订保险建议书（投保人）	1. 学习保险经纪人在经济互动中的地位、作用与受到的监管 2. 在实境演练中完成签订建议书任务操作	1. 保险经纪人文档 2. 根据实际情况，在保险经纪人列表中选择保险经纪人签订保险建议书

15. 发送投保书

保险公司角色发送投保书，任务描述如表 7-44 所示。

表 7-44　发送投保书

任务名称	任务描述	任务数据
发送投保书（保险公司）	1. 学习区块链对保险的意义 2. 在实境演练中完成投保书发送任务操作	1. 区块链保险文档 2. 确定保险公司与保险经纪人和投保人的一一对应关系，并发送投保书

16. 接收、发送投保书

保险经纪人角色接收并发送投保书，任务描述如表 7-45 所示。

表7-45　接收、发送投保书

任务名称	任务描述	任务数据
接收、发送投保书（保险经纪人）	1. 学习保险金额、保险费与FOB价格的计算，保险经纪服务委托协议书 2. 在实境演练中，完成接收、发送投保书任务操作	1. 保险金额、保险费文档 2. 根据实际情况，在业务列表中选择投保人发送投保书

17. 填写投保书

投保人角色填写投保书，任务描述如表7-46所示。

表7-46　填写投保书

任务名称	任务描述	任务数据
填写投保书（投保人）	1. 学习经纪人与代理人的区别和保险经纪人的监管规定 2. 在实境演练中完成投保书填写任务操作	1. 经纪人与代理人文档 2. 接收投保书

18. 缴纳保费

投保人角色缴纳保费，任务描述如表7-47所示。

表7-47　缴纳保费

任务名称	任务描述	任务数据
缴纳保费（投保人）	1. 学习保险经纪人的前景、保险经纪现状与趋势 2. 在实境演练中完成缴费任务操作	1. 保险经纪人文档 2. 个人钱包文件 3. 投保合同金额 4. 投保人公钥、私钥 5. 合作保险经纪人的钱包地址

19. 确认佣金收入

保险经纪人角色确认佣金收入，任务描述如表7-48所示。

表7-48　确认佣金收入

任务名称	任务描述	任务数据
确认佣金收入（保险经纪人）	1. 学习保险合同成立、生效与出单操作流程 2. 在实境演练中完成佣金确认任务操作	1. 保险合同、出单流程文档 2. 经纪人钱包文件 3. 合同佣金额 4. 个人公钥、私钥 5. 合作保险公司钱包地址

20. 确认保费收入

保险公司角色确认保费收入，任务描述如表7-49所示。

表 7-49 确认保费收入

任务名称	任务描述	任务数据
确认保费收入（保险公司）	1. 学习保险经纪人的前景、保险经纪现状与趋势 2. 在实境演练中完成保费收入确认任务操作	1. 保险经纪人文档 2. 保险公司钱包文件 3. 合同保费 4. 保险公司的公钥、私钥

21. 发送保险合同

保险公司角色发送保险合同，任务描述如表 7-50 所示。

表 7-50 发送保险合同

任务名称	任务描述	任务数据
发送保险合同（保险公司）	1. 学习经纪人与代理人的区别和保险经纪人的监管规定 2. 在实境演练中完成发送保险合同任务操作	1. 经纪人与代理人的区别文档 2. 根据实际情况，在业务列表中选择合作经纪人发送保险合同

22. 接收、发送合同

保险经纪人角色接收并发送合同，任务描述如表 7-51 所示。

表 7-51 接收、发送合同

任务名称	任务描述	任务数据
接收、发送合同（保险经纪人）	1. 学习经纪人与代理人的区别和保险经纪人的监管规定 2. 在实境演练中完成接收、发送合同任务操作	1. 经纪人与代理人的区别文档 2. 根据实际情况，在业务列表中选择合作的投保人发送保险合同

23. 接收、签署合同

投保人角色接收并签署合同，任务描述如表 7-52 所示。

表 7-52 接收、签署合同

任务名称	任务描述	任务数据
接收、签署合同（投保人）	1. 学习保险金额、保险费与 FOB 价格的计算，保险经纪服务委托协议书 2. 在实境演练中完成接收、签署合同任务操作	1. 保险金额、保险费文档 2. 在业务列表中，接收签署经纪人发送的合同

24. 发送保险合同

投保人角色发送保险合同，任务描述如表 7-53 所示。

表7-53 发送保险合同

任务名称	任务描述	任务数据
发送保险合同（投保人）	1. 学习保险金额、保险费与FOB价格的计算，保险经纪服务委托协议书 2. 在实境演练中完成发送保险合同任务操作	1. 保险金额、保险费文档 2. 业务列表中，已经签署好的投保合同

25. 接收、发送合同

保险经纪人角色接收并发送合同，任务描述如表7-54所示。

表7-54 接收、发送合同

任务名称	任务描述	任务数据
接收、发送合同（保险经纪人）	1. 学习保险金额、保险费与FOB价格的计算，保险经纪服务委托协议书 2. 在实境演练中完成接收、发送合同任务操作	1. 保险金额、保险费文档 2. 根据实际情况，选择业务列表中投保人发来的已经签署好的投保合同

26. 接收保险合同

保险公司角色接收保险合同，任务描述如表7-55所示。

表7-55 接收保险合同

任务名称	任务描述	任务数据
接收保险合同（保险公司）	1. 学习保险金额、保险费与FOB价格的计算，保险经纪服务委托协议书 2. 在实境演练中完成接收保险合同任务操作	1. 保险金额、保险费文档 2. 根据实际情况，选择业务列表中保险经纪人发来的已经签署好的投保合同

27. 生成保险单

保险公司角色生成保险单，任务描述如表7-56所示。

表7-56 生成保险单

任务名称	任务描述	任务数据
生成保险单（保险公司）	1. 学习保险合同成立、生效与出单操作流程 2. 在实境演练中完成生成保险单任务操作	1. 保险合同成立、出单流程文档 2.《保险单》

28. 合同上链

保险公司角色合同上链，任务描述如表7-57所示。

表 7 - 57 合同上链

任务名称	任务描述	任务数据
合同上链 (保险公司)	1. 学习车辆保险合同的编写样式 2. 在实境演练中完成合同上链任务操作	1. 车辆保险合同的编写样式文档 2. 根据实际情况,选择业务列表中已经签署好的投保合同

29. 监管资格证书

保险监管人角色监管资格证书,任务描述如表 7 - 58 所示。

表 7 - 58 监管资格证书

任务名称	任务描述	任务数据
监管资格证书 (保险监管人)	1. 学习保险的不同种类与欺诈识别和防线防范 2. 在实境演练中完成资格证书监管查看的任务操作	1. 保险种类、欺诈识别文档 2. 监管机构私钥 3. 根据实际情况,在保险经纪人资格证书列表中查看证书

30. 监管交易费用

保险监管人角色监管交易费用,任务描述如表 7 - 59 所示。

表 7 - 59 监管交易费用

任务名称	任务描述	任务数据
监管交易费用 (保险监管人)	1. 学习保险经纪人的概念,及与代理人的区别 2. 在实境演练中完成交易费用监管查看的任务操作	1. 文档 2. 监管机构私钥 3. 根据实际情况,在保险经纪人资格证书列表中查看证书

31. 监管保险合同

保险监管人角色监管保险合同,任务描述如表 7 - 60 所示。

表 7 - 60 监管保险合同

任务名称	任务描述	任务数据
监管保险合同 (保险监管人)	1. 学习保险经纪人在经济互动中的地位、作用与受到的监管 2. 在实境演练中完成保险合同监管查看的任务操作	1. 保险经纪人文档 2. 监管机构私钥 3. 根据实际情况,在保险公司保险合同列表中查看所有保险合同情况

32. 业务总结

全体分小组进行实训总结,任务描述如表 7 - 61 所示。

表7-61　业务总结

任务名称	任务描述	任务数据
业务总结（全体）	完成区块链技术在保险业务中应用的总结	个人业务体验总结

思考总结：

通过本案例的学习，初步认识了传统证券保险的相关业务，了解了行业存在的三大痛点，在此基础之上更深刻理解了区块链技术的应用模式与创新价值。

在应用改造力方面，区块链技术在支付结算领域的改造力最为明显，但支付清算系统作为金融业的重要基石，其突破性创新需要以央行为中心进行自上而下的建设。

目前，全球银行业及证券机构推进的区块链应用中，票据及信用证流转、非上市私募股权交易等非标准化金融产品领域的发展相对领先。在其他金融领域中，区块链供应链金融应用的落地情况最为乐观，银行及互联网新兴平台呈现出多元化竞争的态势。对于保险领域及征信领域数据孤岛问题的解决，核心难点在于区块链技术价值的普及度不够，传统技术解决方案自我优化的动力不强。

从本质上来看，区块链应用大规模落地必然伴随巨大的结构性变革，这将是一场传统利益方与新兴利益方充分发展并竞争的漫长较量过程。

习　　题

1. 传统证券投资业务痛点是什么？
2. 传统商业保险业务痛点是什么？
3. 区块链证券投资业务中，用到哪些区块链技术？
4. 区块链商业保险业务中，用到哪些区块链技术？
5. 区块链钱包的类型有哪些？
6. 区块链钱包与普通钱包的区别有哪些？
7. 搭建区块链钱包的步骤是什么？

第8章

区块链电子发票业务实训

本章知识点

(1) 传统电子发票业痛点。

(2) 区块链电子发票业务特点。

本章以区块链电子发票为背景,使学生切实地体验到区块链在发票中的实际应用。主要内容包括:区块链电子发票理论知识,区块链电子发票业务实训。

8.1 区块链电子发票理论准备

8.1.1 普通电子发票业务痛点

1. 重复打印,一票多报

目前,很多行业不再提供纸质发票,只提供电子发票。而电子发票可以无限次打印,就产生了重复打印、重复报销的可能性。

2. 票面信息篡改

当前PS功能很强大,通过修改电子发票金额或者抬头成为可能,因为此时它的发票编码没有动,如果你去校验发票的话,是不会出现问题的。如果会计不仔细检查,是很难发现问题的。

3. 打印报销,退货退款

例如:天气热了,A公司决定在每间办公室增加两个电扇,一共买了24台,当时公司是让采购人员在网上进行购买的,那么买了以后就取得了电子发票,采购人员找财务进行了报销,可是用了几天之后就发现,其中有一台电扇可能是电机有问题有杂音了,所以采购就把这一台电扇给退了,但是他没有告知财务人员,因此之前已经报销的发票也没有进行处理。

8.1.2 区块链电子发票的优点

1. 可追溯,不可篡改

区块链发票是通过区块链分布式存储技术,连接用户、商户、公司、税务局等每一个发票干系人的。这样一张"区块链电子发票"，每个环节都可追溯、信息不可篡改、数据不会丢失。用户可以实现链上储存、流转、报销，报销状态实时可查，免去了烦琐的流程。这项技术解决了发票流转过程中一票多报、虚报虚抵、真假难验等难题。

2. 降低成本，简化流程，保障数据安全和隐私的优势

在用户层面，优化了发票报销无状态、大部分公司报销需要打印等问题，节约纸张；在企业层面，可优化无法批量查询发票真伪、开票成本高等问题；在税务局层面，可优化长期存在的报销无状态、中心化存储、参与方割裂等弊端。

8.1.3　区块链电子发票业务基本流程

流程一：消费者需要向企业应聘，成为企业的一名采购人员。企业选择消费者成为自己的员工。

流程二：向消费者发布采购计划，采购相应的办公用品。

流程三：商户用半价批发一部分商品，之后接到消费者订单后，以2倍的价格卖出赚取差价。消费者收到货物后，开具发票（可选择区块链发票/电子发票，增值税普通发票/增值税专用发票），企业名称是企业在软件中的名字，税号是企业的公钥，银行账号、地址、电话，非空校验，生成的区块链发票会上传到区块链中。

流程四：消费者向企业进行报销申请，填写报销单，校验内容（管理、企业名称、日期、消费者签名等）输入私钥进行加密，发送给企业。

流程五：企业输入私钥解密，在证明人处输入企业名称，发回给消费者。

流程六：消费者接收后，在领款人签章处签署名称。

流程七：企业开始认证进项票（所有开具的增值税专用发票都需要认证）。

流程八：商户/企业向税务局进行报税，依据收到的发票填写纳税申报表（进项税额/销项税额等）。

流程九：税务局对纳税申报进行审批。

具体实训业务流程，如图8-1所示。

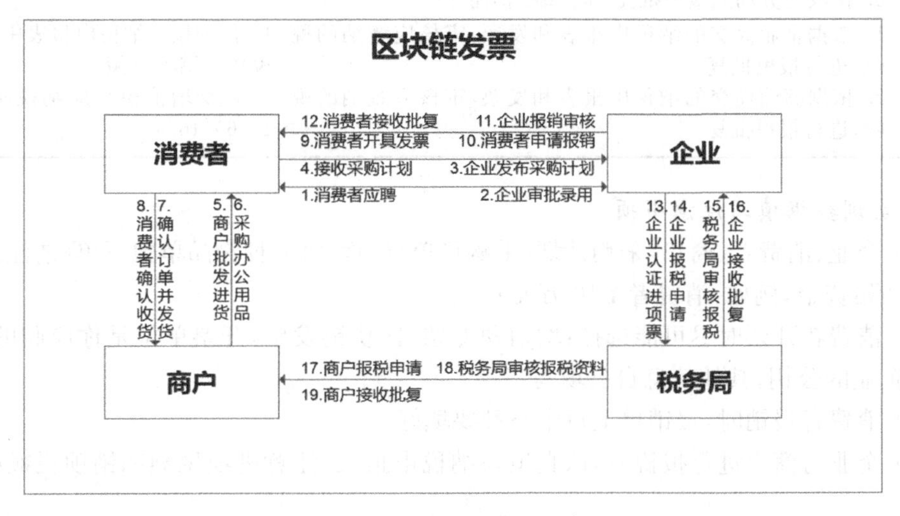

图8-1　区块链发票实训业务流程

8.1.4 实训角色分工及初始数据

1. 实训角色分工、业务内容、初始数据

区块链电子发票实训有4个角色：消费者、企业、商户、税务局。

4个角色在整个业务场景中分工不同，各角色主要业务及业务初始数据如表8-1所示。

表8-1 区块链电子发票实训初始数据

角色	主要业务	实训业务初始数据及规则
消费者	1. 生成自己的公钥私钥对 2. 向班级内的企业应聘，成为一名企业员工 3. 入职以后，接收公司发布的采购计划 4. 依据采购计划向电商商铺购买相应办公用品 5. 在商铺给你发货后，及时接收 6. 依据购买金额开具相应发票 7. 填写报销单据，向企业进行报销申请 8. 接收企业的报销批复，查看报销资金	初始本金为￥10万元
商铺	1. 向供应商采购自己所需的货物 2. 确认消费者在自家平台上购买的商品，进行发货 3. 当消费者开具发票之后，计算自己所需缴纳的增值税 4. 向税务局进行报税，填写纳税申报表 5. 接收税务局的税收批复，并缴纳税金 6. 根据自己的资金情况制定属于自己的采购计划	1. 初始本金为￥200万元 2. 平板采购成本￥1500元 3. 手机采购成本￥3000元 4. 台式机采购成本￥6000元 5. 笔记本采购成本￥7500元
企业	1. 依据员工应聘表，选择招聘部分员工 2. 员工入职后，向他们发布企业采购计划 3. 员工依据采购计划采购办公用品并开具发票，进行报销申请后，通过私钥进行解密，仔细查看报销单据和发票，进行报销审核 4. 对于收到的增值税专用发票，进行发票认证 5. 经过认证后的专票可以冲抵增值税，向税务局提交纳税申报表进行报税 6. 接收税务局的报税批复，依法缴纳增值税	1. 初始本金为￥500万元 2. 每笔采购计划不得超过￥10万元
税务局	1. 依据企业提交的纳税申报表和发票，审核应缴纳的税收，进行报税批复 2. 依据商铺提交的纳税申报表和发票，审核应缴纳的税收，进行报税批复	1. 仔细核查纳税申报表中的进项税额与销项税额 2. 应交增值税＝应纳税所得额/1.16×16％

2. 实训数据填写注意事项

(1) 企业、消费者、商户，采购计划/采购订单/进货，每一种物品单独下单(请注意自己角色的初始资金，例如：消费者￥10万元)。

(2) 消费者开票时尽可能选择：增值税专票、区块链发票，开票单位是你应聘的企业，税号是企业的公钥，其他信息自己填写。

(3) 消费者报销时，报销单上每个空都要填好。

(4) 企业与商户进行报税时，认真填写纳税申报表，注意进项税额和销项税额必须填写正确。

8.2 基于区块链技术的电子发票业务实训

8.2.1 课程导入

讲解电子发票业务背景，任务描述如表8-2所示。

表8-2 课程导入

任务名称	任务描述	任务数据
课程导入（全体）	学习电子发票课程体验流程、角色分工、初始数据、业务规则	电子发票课程体验流程、角色分工、初始数据、业务规则文档

8.2.2 角色选定

全体自行选择角色，任务描述如表8-3所示。

表8-3 角色选定

任务名称	任务描述	任务数据
角色选定（全体）	1. 学习区块链钱包、区块链钱包搭建的相关知识 2. 在实境演练中，完成角色选定	1. 区块链钱包、区块链钱包搭建文档 2. 实训共4个角色：消费者、企业、商户、税务局 3. 各个角色均需被选择，数量要均衡

8.2.3 生成私钥、公钥

全体角色生成私钥、公钥，任务描述如表8-4所示。

表8-4 生成私钥、公钥

任务名称	任务描述	任务数据
生成私钥、公钥（全体角色）	1. 学习公钥、私钥的概念、生成方法 2. 在实境演练中生成自己的公私钥	1. 公钥、私钥的概念，生成方法文档 2. 随意输入字段信息

8.2.4 消费者应聘

消费者角色应聘企业，成为某企业员工，任务描述如表8-5所示。

表8-5 消费者应聘

任务名称	任务描述	任务数据
消费者应聘（消费者）	1. 学习企业招聘的流程和存在的痛点 2. 在实景演练中完成消费者应聘的操作	1. 企业招聘流程文档 2. 根据实际情况，自愿选择应聘企业

8.2.5 审批录用

企业角色审批录用应聘消费者，任务描述如表 8－6 所示。

表 8－6 审批录用

任务名称	任务描述	任务数据
审批录用（企业）	1. 学习区块链电子发票遇到的挑战 2. 在实境演练中完成企业审批录用的操作	1. 区块链电子发票遇到的挑战文档 2. 根据实际情况，录用应聘的人员（消费者）

8.2.6 发布采购计划

企业角色发布采购计划，任务描述如表 8－7 所示。

表 8－7 发布采购计划

任务名称	任务描述	任务数据
发布采购计划（企业）	1. 学习区块链电子发票知识 2. 在实境演练中完成企业发布采购计划的操作	1. 区块链电子发票文档 2. 企业角色按规则发布采购计划

8.2.7 批发进货

商户角色批发进货，任务描述如表 8－8 所示。

表 8－8 批发进货

任务名称	任务描述	任务数据
批发进货（商户）	1. 学习区块链技术在采购领域的应用、传统采购存在的问题和痛点 2. 在实境演练中完成商户进货的操作	1. 区块链技术在采购领域的应用文档 2. 商户按采购规则发布采购货物数量

8.2.8 接收购买计划

消费者角色接收商户的购买计划，任务描述如表 8－9 所示。

表 8－9 接收购买计划

任务名称	任务描述	任务数据
接收购买计划（消费者）	1. 学习商品验收程序、收货管理原则 2. 在实境演练中完成消费者接受购买计划的操作	1. 商品验收程序、收货管理原则文档 2. 根据实际情况，消费者接受相应商户的购买计划

8.2.9　采购办公用品

消费者角色采购办公用品，任务描述如表8－10所示。

表8－10　采购办公用品

任务名称	任务描述	任务数据
采购办公用品（消费者）	1. 学习传统采购存在的问题、区块链技术对采购流程的变革 2. 在实境演练中，完成消费者采购办公用品的操作	1. 传统采购存在的问题、区块链技术对采购流程的变革文档 2. 根据实际情况，消费者按商户要求数量进行采购

8.2.10　确认订单 & 发货

商户角色确认消费者的订单并发货，任务描述如表8－11所示。

表8－11　确认订单和发货

任务名称	任务描述	任务数据
确认订单和发货（商户）	1. 学习收货管理的操作流程、区块链电子发票的技术特征 2. 在实境演练中，完成订单和发货确认操作	1. 发货管理的操作流程、区块链电子发票的技术特征文档 2. 根据实际情况，商户按消费者要求数量发货

8.2.11　确认收货

消费者角色确认收货，任务描述如表8－12所示。

表8－12　确认收货

任务名称	任务描述	任务数据
确认收货（消费者）	1. 学习汇款业务流程、收货的管理规则 2. 在实境演练中完成消费者确认收货的操作	1. 汇款业务流程、收货的管理规则文档 2. 消费者与商户确认的货物数量

8.2.12　申请开票

消费者角色申请开票，任务描述如表8－13所示。

表8－13　申请开票

任务名称	任务描述	任务数据
申请开票（消费者）	1. 学习区块链电子发票的操作流程、电子发票与区块链电子发票	1. 区块链电子发票的操作流程文档 2. 按照订单金额，提出开票申请

续表

任务名称	任务描述	任务数据
	的区别 2. 在实境演练中完成消费者开具申请发票的操作	

8.2.13 确认申请并开票

商户角色确认申请并开票，任务描述如表 8-14 所示。

表 8-14 确认申请并开票

任务名称	任务描述	任务数据
确认申请并开票（商户）	商户确认申请并开票	商户与消费者确认的开票申请单

8.2.14 接收发票

消费者角色接收发票，任务描述如表 8-15 所示。

表 8-15 接收发票

任务名称	任务描述	任务数据
接收发票（消费者）	消费者接收发票	商户与消费者确认的发票

8.2.15 申请报销

消费者角色申请报销，任务描述如表 8-16 所示。

表 8-16 申请报销

任务名称	任务描述	任务数据
申请报销（消费者）	1. 学习费用报销单填写时出现的问题、财务报销在企业管理中存在的问题 2. 在实境演练中完成消费者申请报销的操作	1. 费用报销文档 2. 按实际业务数据报销

8.2.16 报销审核

企业角色报销审核，任务描述如表 8-17 所示。

表8-17　报销审核

任务名称	任务描述	任务数据
报销审核（企业）	1. 学习财务报销在企业管理中存在的问题、财务报销审核的内容 2. 在实境演练中完成对企业报销审核的操作	1. 财务报销审核的内容文档 2. 按实际业务数据审核

8.2.17　接收报销批复

消费者角色接收报销批复，任务描述如表8-18所示。

表8-18　接收报销批复

任务名称	任务描述	任务数据
接收报销批复（消费者）	1. 学习区块链未来对会计和审计的影响、财务报销审核的内容 2. 在实境演练中完成对消费者报销批复的操作	1. 区块链未来对会计和审计的影响文档 2. 按实际业务数据批复

8.2.18　认证进项票

企业角色认证进项票，任务描述如表8-19所示。

表8-19　认证进项票

任务名称	任务描述	任务数据
认证进项票（企业）	1. 学习区块链电子发票，探索区块链电子发票应用模式 2. 在实境演练中完成认证进项发票的操作	1. 区块链电子发票应用模式探索文档 2. 按实际业务数据认证进项发票

8.2.19　报税申请

企业角色报税申请，任务描述如表8-20所示。

表8-20　报税申请

任务名称	任务描述	任务数据
报税申请（企业）	1. 学习企业报税流程、纳税申报表的填写规则 2. 在实境演练中完成企业报税申请的操作	1. 企业报税流程、纳税申报表的填写规则文档 2. 按实际业务数据报税

8.2.20 审核企业报税资料

税务局角色审核企业报税资料，任务描述如表 8－21 所示。

表 8－21 审核企业报税资料

任务名称	任务描述	任务数据
审核企业报税资料（税务局）	1. 学习区块链电子发票知识 2. 在实境演练中完成税务局审核的操作	1. 区块链电子发票文档 2. 按实际业务数据审核报税资料

8.2.21 接收报税批复

企业角色接收报税批复，任务描述如表 8－22 所示。

表 8－22 接收报税批复

任务名称	任务描述	任务数据
接收报税批复（企业）	1. 学习区块链技术在财务上的应用优势、区块链技术中的财税理念，区块链电子发票应用模式探索 2. 在实境演练中完成企业报税批复的操作	1. 区块链技术在财务上的应用优势文档 2. 接收实际业务数据报税批复

8.2.22 报税申请

商户角色发出报税申请，任务描述如表 8－23 所示。

表 8－23 报税申请

任务名称	任务描述	任务数据
报税申请（商户）	1. 学习企业报税的流程、增值税发票和普通发票的区别 2. 在实境演练中完成报税申请的操作	1. 企业报税的流程文档 2. 按实际业务数据报税申请

8.2.23 审核商铺报税资料

税务局角色审核商铺报税资料，任务描述如表 8－24 所示。

表8-24　税审核商铺报税资料

任务名称	任务描述	任务数据
审核商铺报税资料（税务局）	1. 学习区块链电子发票、区块链电子发票的优势、纳税申报流程 2. 在实境演练中完成税务局审核报销的操作	1. 区块链电子发票文档 2. 按实际业务数据审核报税资料

8.2.24　接收报税批复

商户角色接收报税批复，任务描述如表8-25所示。

表8-25　接收报税批复

任务名称	任务描述	任务数据
接收报税批复（商户）	1. 学习区块链技术对企业财务的影响、区块链发票遭遇的挑战，了解发票的未来发展趋势 2. 在实境演练中完成商铺报税批复的操作	1. 区块链技术对企业财务的影响文档 2. 接收实际业务数据报税批复

8.2.25　课程总结

全体分小组进行实训总结，任务描述如表8-26所示。

表8-26　课程总结

任务名称	任务描述	任务数据
课程总结（全体）	1. 总结区块链技术在数字发票业务中应用的总结 2. 在实境演练中完成本任务思维导图	区块链技术在数字发票业务中应用的总结文档

习　　题

1. 传统电子发票业务的痛点是什么？
2. 区块链电子发票业务中，用到哪些区块链技术？
3. 区块链电子发票业务开票流程是什么？

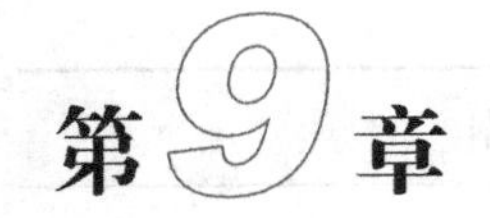

区块链价值分析与通证设计实训

本章知识点

(1) 区块链技术核心价值。
(2) 区块链技术行业应用价值。
(3) 通证概念与模型。
(4) 通证模式画布。

本章将学习区块链在不同行业中的应用分析，主要内容包括：区块链价值理论分析，区块链通证设计实训。

9.1 区块链价值理论准备

9.1.1 区块链核心价值分析

1. 防伪溯源价值

目前，假冒伪劣产品越来越多，如地沟油、毒豆芽、假奶粉，受害最大的是消费者，特别是买到假冒伪劣的食品药品，会对人体产生危害，同时对企业声誉也会产生损害，被假冒的品牌，销量将会大幅下降。

1) 传统的防伪是怎么实现的?

传统的防伪方法：一类是电话防伪，一类是图案防伪。因这两种方式需要消费者打电话、发短信，刮涂层输入16位码等，查询起来很烦琐。目前，防伪码逐渐向二维码演变，一物一码，只需要扫一扫就能查询真伪。二维码一般对应一个网址，除了显示真伪信息外，还能进行溯源，记录原材料、生成地、物流信息等，如图9-1所示。

2) 区块链与防伪溯源是如何结合的?

防伪溯源通过传统的二维码技术其实已经能解决大部分问题了，但其防伪数据存储在了中心化结构上，易于篡改，公信力不强。区块链具备去中心化、不可篡改、交易透明、可追溯的特点，通过分布式的存储方式存储防伪数据，没有中心化机构管理，防伪数据不

图 9-1 传统防伪方式

会被修改。另外,区块链能清晰地记录商品的制造与和流信息,从而达到防伪溯源的效果,如图 9-2 所示。

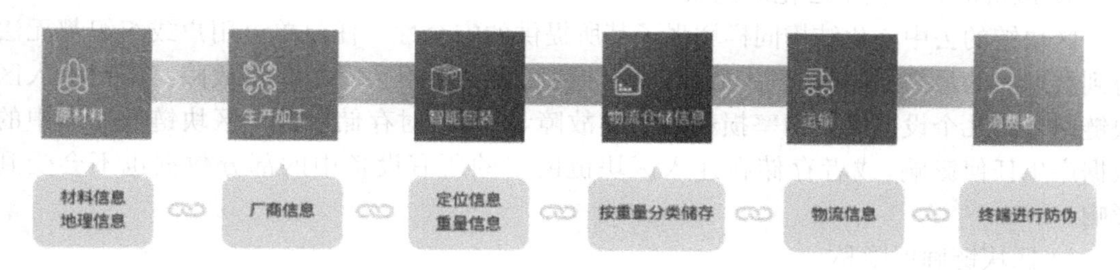

图 9-2 区块链上防伪信息不可篡改

2. 安全价值

当今世界,网络攻击事件不断增多,网络安全性变得至关重要。大多数的数据都是以数字形式存储的,区块链技术能够安全地存储数据,具有以下特点。

1) 完全不依赖信任系统

区块链具有如此高的安全性,最显著的特点是其基于完全不依赖信任的系统。在区块链上读取与写入数据的权限在连入网络的所有用户之间平均分配。当需要作出决定时,任何用户均不享有特权。在区块链出现之前,不依赖信任就能够实时分享信息几乎是不可能的。

通常用“拜占庭将军问题”来解释分布式共识系统的主要缺点。在“拜占庭将军问题”中,假设将军指挥多个军队(例子中有 5 个)即将对一个城市发动攻击。只有所有军队在同一时间发动攻击,才能取得胜利。如果任何军队叛变或撤退,则攻击失败。将军派出的信使需要将信息传达给他指挥下的 5 个军队。在这里,叛变的指挥官第三个接收消息,称之为“X”,他可能会在信使不知情的情况下改变将军所发出的命令。那么,在“X”之后接收消息的两名指挥官认为被篡改的消息便是将军口令。由于各军队之间的协调不力,便会导致攻击失败。

区块链技术引入了一个称为“工作量证明(Proof of Work)”的概念,成功地解决了这个问题,工作量证明要求每个消息发送者必须将所有此前的消息历史和“花费一些时间”附加在一起,而这一时间固定为 10 min。“花费一些时间”的目的在于确保发送者花费一些功夫来撰写信息,并且使其易于识别恶意或不正确的数据。

2）区块链可轻松识别恶意或不正确的数据

“拜占庭将军问题”中一个非常基本的问题在于，每个指挥官都需要在确认并发送消息给下一个指挥官之前写入号码1～500。写入号码肯定需要花费一些时间，但是验证同样的号码则会十分简单快速。那么现在，由于每个指挥官在消息上花费的时间固定为10 min，“X”将不得不同时更改他自己的消息以及他之前两位指挥官证明属实而发送给他的消息，因为“工作量证明”概念需要上传所有此前消息的历史记录。如此一来，为成功更改信息，“X”必须重新进行一遍此前20 min的工作，再加上他自己要完成的10 min的工作，那么就是在分配给他的10 min时间内总共要完成30 min的工作。这样，即使“X”上传了不正确的消息，更改经过证实的数据也几乎是不可能的，其余的指挥官可以忽略不正确的消息，并遵循大多数指挥官证实过的消息。

3）区块链具备去中心化的优点

区块链的去中心化结构同样增强了其所提供的安全性。任何单个用户或组织都无法得到数据库的最高控制权，去中心化的设计使区块链中不会发生单点故障。即使连入区块链网络的几个设备遇到功率损耗或整体故障，也不会对存储在整个区块链数据库中的数据产生任何影响，或者存储在连入区块链网络的所有设备中的部分数据也不会受到影响。

4）区块链确保隐私

存储在区块链上的数据通过加密技术进行保护，并且所使用的公私密钥加密技术确保了数据仅由申请数据的目标接收。加密技术还可以帮助用户在通过网络发送和接收数据时保持半匿名，从而保护隐私。由于其去中心化架构和其设计中使用的加密编码，区块链网络从数学运算角度上讲非常难以被入侵，就算该系统可以被入侵，成本也会很高，其中存储在每个节点上的数据与整个数据库正确同步。

5）区块链上的数据永久存储

存储于区块链之中的数据将始终存在，并且无法以任何方式进行篡改。新增或更新的数据只能附加于随后的区块链之中。

3. 经济价值

区块链将为企业带来下列3种价值。

1）降低成本

区块链允许创建可以在多个利益相关者之间共享的可信数据集，从而取消中间商。消除中间商以及使整个价值链的交易自动化将带来成本效益。例如，供应链中海关清关过程的自动化，可以减少(并可能消除)对海关经纪人的需求。

2）提高收入

现有企业可以在物联网中借助区块链减少收入损失(例如，通过防止假冒产品销售)。区块链还可以挖掘物联网的大部分价值(例如，在使用智能合约时，可以实现跨设备的交易和支付的自动化)。在基于服务的业务中或通过机对机交互和数据货币化，将会创造大笔的盈利机会。

3）减弱风险

随着时间的推移，由于全球化和数字化的进展，合规要求将越来越复杂。比如，2013

年的《药品质量与安全法案》(Drug Quality and Security Act)列出了制药行业需要采取以电子方式跟踪在美国销售某些处方药。

区块链与物联网相结合可以通过收集和维护所需的审计资料来帮助企业满足这一监管要求。区块链与物联网相结合还可以通过确保产品在整个生命周期中的质量和真实性来降低风险,这有助于保护公司的声誉。

9.1.2 区块链行业应用价值分析

1. "区块链+金融"行业应用价值

1) 金融领域的结算和清算方面的价值

以金融领域的结算和清算为例,全球每年涉及各种类型的金融交易高达18万亿美元。由于交易双方互不信任,因此金融机构需要通过处于中心位置的清算结构来完成资产清算和账本的确认。这类涉及多个交易主体且互不信任的应用场景就非常适合使用区块链技术。原则上,可以直接在金融机构之间构建联盟链,那么机构之间只需要共同维护同一个联盟区块链,即可实现资产的转移和交易。

2) 数字货币方面的价值

货币是一种价值存储和交换的载体,过去都是中央法定机构集中发行的。以比特币为例,正是由于其非中心化的信任机制,虽然先后经历多次交易所倒闭、"虚拟货币"非法使用被查抄、多个政府禁止使用等危机,但比特币经受住了所有这些考验,目前仍能稳定运行。比特币的出现和稳定运行,可以说完全颠覆了人们对于货币的认识。相信区块链技术或者说分布式账本技术会在数字货币技术体系中占据重要地位。

3) 跨境支付方面的价值

区块链可颠覆的金融服务就是跨境支付。通常跨境支付到账时间长达几天甚至一个星期。除此之外,跨境支付需要双边的用户都向当地银行提供大量开户资料和证明,以配合银行的合规性要求,参与交易的银行和中间金融机构还需要定期报告,以实现反洗钱等其他合规性要求。这是一个典型的涉及多方主题的交易场景,区块链技术可以应用在多个环节。

2. "区块链+医疗"行业应用价值

1) 传统医疗行业患者信息泄露情况严重

病人的医疗记录和信息在任何时候都是需要予以保密的,而中心化数据库和文件柜都不再是个可行的选择。区块链技术提供了一个可行的替代方案,这是一个能做到完全透明却又能尊重用户隐私的方案。考虑到所有和健康相关的敏感资料:身份特征、疾病情况、治疗方案以及支付情况,一个人的健康状况可能是其最私密的信息,但是在过去,这些相关信息往往出现过一次又一次的大规模泄露,导致个人健康数据被流传到互联网上。

有两个大规模数据泄露的例子:Anthem(8 000万病人和雇员的记录)泄露;UCLAHealth(450万病人的记录)泄露。在这些数据泄露的例子中,往往是由于网络操作的问题引起的,使所有的数据暴露在黑客的面前。一个单点故障就能够导致所有人的信息遭到泄露。

2) 区块链技术应用于医疗行业的优点

(1) 区块链高冗余。

因为每个节点都有备份,这使得单点故障不会损害数据完整性。

(2) 区块链上的数据无法被篡改。

这一点对于医疗数据非常重要，医疗数据一旦被篡改很可能会导致重大伤害，而且在区块链上的任何篡改都会留下密码学上的证据从而被快速发现。

(3) 区块链技术能做到多私钥的复杂权限保管。

比如，通过智能合约技术可以设置单个病历分配多把私钥，并且制定一定的规则来对数据进行访问，同时必须获得授权才能够进行操作。无论是医生、护士或者病人本身都需要获得许可，比如只有一个或者多个人同时到场才能打开；还可以和GIS(地理信息系统)数据结合在一起，当你在某家医院时，该医院的医生才可以读取病历也可以和时间信息结合在一起，在某个治疗时间段内相关医生护士才能够读取病历。

区块链的保管方案不同于传统中心化数据库的保管方案，不需要依靠相信人或者相信制度来确保安全，完全通过算法来确保数据库的安全性。从算法上就杜绝了由于单把私钥的泄露而导致数据库整体崩溃的情况。

3) "区块链+医疗"市场巨大

区块链和医疗健康领域进行结合，将是一个全新的领域。随着企业和医疗机构看到区块链技术对于金融领域的影响，医疗机构将会在医疗健康领域中逐渐开始推广和实施该技术，并且希望获得金融级的安全和效率。

目前，全球医疗市场份额有 1.057 万亿美元，主要的份额占有者包括辉瑞(474 亿美元)、强生(163 亿美元)、复迈(118.4 亿美元)和诺华制药公司(494 亿美元)。匿名交叉竞争引用了大量的动态医药数据和历史医疗记录，这种竞争也会给药物发现和个性化医疗开发增加收入源流。此外，生物识别技术融入量化数据(如运动追踪器的数据)，同样能够加入健康区块链中。区块链技术带来了许多机会来改善现有流程和商业模式，包括现有数据访问、通用电子医疗记录(电子病历)、数字健康资产保护、健康代币甚至是基因钱包等。

3. "区块链+保险"行业应用价值

1) 区块链技术启发保险行业新思考

第一，可以试着建立私有区块链，不与比特币或者其他区块链连接，作为抓手与客户和监管机构讨论未来将如何发展。

第二，需要探索私有区块链如何运营和收费，可以在不同协议和经济机构上做实验。

第三，不但应该严格审视现存信息技术架构，而且应该审视它们现有的和未来的产品，看看在产品和风险管理方面，哪些地方可以使用区块链技术或者相关应用进行改进。每一家人寿保险公司的核心系统都是一个居于核心地位的，庞大的中心交易账户。最起码作为今天集中式数据库模型的可能替代方案，区块链值得保险公司在技术上进行评估。

2) 区块链技术可较好地应用于 4 个业务领域

区块链有 4 个与个人保险相关的不同业务领域：身份认证、空间、时间，以及互动。其中每一个领域，都将给保险行业提供一个新机会。

(1) 在身份认证方面。

区块链技术和相关应用能够改变人们管理数字身份标识、个人信息和历史的方式。

通过基于去中心化区块链，结合保存记录的公开账本，以去中心化和密码学的方式，保护隐私的力度足够和政府所使用的身份管理方案相媲美，第三方机构比如保险公司甚至是分布式声誉评级机构都需要获得使用数据的许可。

（2）在空间方面。

区块链是在计算机网络上以分布式形式存在的，它们可以分布在全球数字空间的每个角落。区块链技术能够重塑个人和空间之间的不同作用，也许将会进一步模糊本地和全球之间的差异。区块链技术和相关应用，本身规模和影响范围就是全球的。从用户的角度来看，唯一的要求就是拥有一台可以接入互联网的计算机或者移动设备。与此同时，区块链应用程序能够满足全球各地任何人的特殊需求。区块链技术的“时间戳”能够记录区块链整个时间周期内的交易记录和“交易值”。

（3）在时间方面。

区块链和时间之间有两种相互作用需要区分。第一，区块链技术能够增大时间的范围并增加各种可能性，如能够将过去保险合约的时间分成多个部分，并且让多种产品进行组合。例如，就像前面所指出的，分布式应用能够根据情况，进行自我管理，实时调整保险覆盖范围和策略；第二，区块链技术能够让多种保险产品具有不同的时间跨度，例如建立超短期保险合约或特定时间范围的保险合约。因此，区块链技术能够缩短时间周期，通过裁减不同保险产品的时间来施加影响。

（4）在互动方面。

建立于区块链之上的智能合约，使投保人能够自行管理自己的保险产品。智能合约能够自动有效地处理保险过程，改变相关公司的业务方式。区块链技术可能有助于保险业中的主要模型由风险共担向替代型风险管理模型的转移。基于区块链的风险管理模型，可能包括自管理、风险管理协议、点对点保险平台，甚至是充分的资金解决方案。

9.2 通证设计理论准备

9.2.1 通证内涵

通证即Token，链圈习惯称Token为通证，币圈习惯称Token为代币。产业区块链领域适合叫“通证”，Token实际上包含类似权证、物证、票证、权益、资产、代币等不同形态。

对于传统产业，区块链的核心是资产Token化，在Token的基础上建立经济生态。商业的本质是价值和效率，Token或数字代币是价值的承载，是产品和服务预售的最佳载体，也是工作量的奖励分配。而基于算法和代码的共识机制是效率的保证，经济激励模型会融合生产者、需求者和投资者等不同角色成为生态圈。

产业区块链经济模式的本质是资产货币化，通过联盟链建立产业分布式账本，基于区块链的数学加密算法建立信任，基于分布式的产业节点建立共识机制，设计好生态经济模型，基于智能合约制定规则和奖罚机制，基于资产或收益发行资产代币，通过数字资产交易平台获得资金，启动生态模式。

9.2.2 通证模型

1. 传统产业进行通证设计的必要条件

区块链并不是万能的,并不是所有传统企业都适合区块链的,那么如何评估一个传统企业有没有必要发展区块链并进行通证设计呢?针对传统企业的产品/资产现状和区块链 Token 的特点,产业区块链 Token 设计的必要性评估条件如下。

(1) 需要去中介化。企业的业务中有多级的中间渠道或层级,增加了成本和损耗。

(2) 需要建立共识。企业与消费者、产业链之间缺少信任或者需要验证信任,急需建立产业共识。

(3) 需要共享模式。企业的业务是分布式服务或紧密协同的链条,需要围绕核心资源比如设备或人员进行共享和协同。

(4) 高价值的资产。企业的产品或资产是高价值的资产,上链后增量价值比较高。

(5) 稀缺性或限量。企业的产品或资产具有稀缺性和限量性,容易通过紧缩政策获得溢价增值。

(6) 有规模效应。企业的业务在达到一定规模的情况下可以降低边际成本,并具有海量客户的网络效应,可以快速达到一定规模从而获得规模效应带来的海量用户。

(7) 需要流动性。企业的产品或资产的流动性比较弱,需要通过经济机制促进流动性。

(8) 需要高成本来进行信息验证。信息不对称情况突出,企业或者消费者进行信息验证需要比较高的成本。

(9) 需要数据保真。企业的数据与产品或资产关联度非常高,数据需要通过加密技术进行防篡改等保真。

(10) 需要赋能个体。企业的传统业务依赖于中心化,个体比较被动和低效,需要激发个体的主动性,赋能个体成为独立的经营体。

(11) 需要价值交换。企业需要零成本的支付激励手段,与产业链内外进行价值交换,获得更多的流量和更好的流动性、周转率。

(12) 需要智能设备。通过智能设备辅助业务生产或者服务交付,实现产品、服务或者消费者的数字化。

为了形象直观地评估传统产业的区块链必要性,设计一个产业区块链评估矩阵(见图 9-3),对传统产业进行必要性评估。其中,矩阵的横轴为建立共识和公平的必要性,纵轴为进行共享和去中介必要性,根据高低强弱划分为 4 个区域,以便对传统产业进行评估分布。同时,产业区块链评估矩阵还参考了部分辅助参数:规模效应、验证成本、资产价值、数字化程度、赋能个体、价值交换等,作为必要性高低和大小深浅(气泡)的参考。

部分传统产业的评估分布如图 9-3 所示。其中,A 区为优先区,B 区为次优区,C 区为鼓励区,D 区为暂缓区。

2. 通证设计的前提

1) 通证是资产又不是资产

通证是数字加密资产,但不是数字化资产(对实物资产的数字化),也不完全是实物资产的映射。这意味着通证虽然与实物资产有一定关系,但却不是实物资产的数字化,也不

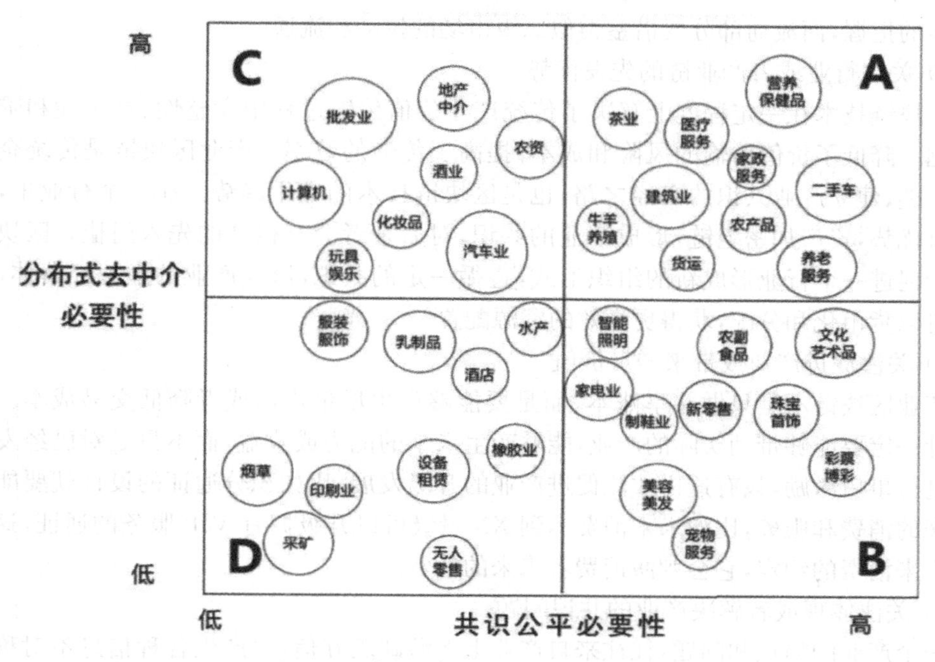

图 9-3　产业区块链必要性矩阵象限图

是完全与实物资产一一对应的。由于不是一一对应，所以通证不应该只是所有权，而应该是收益权、使用权、投票权或者共有产权等。

2）关注未来的收益和能力，而不是现状

将未来的东西做成通证，而不是把历史或当前的东西做成通证。能够用在未来的能力，比如货币；能够获取未来的收益，比如股票。这个前提的核心是将未来的能力、服务和收益等打包，比如共享产权、使用权、经营权或受益权，会有预期的变动和市场的波动，进而会有增量价值。

3）关注合约，用合约来理解和解构产业实际业务

合约是区块链结构的基础，而交易是产业实际业务的核心，同时通证可以有效降低交易成本，可以实现资源的最优配置。用合约的结构思想来解构传统产业业务，比如通证合约、Coin合约、指数合约等，通过智能合约和规则来解构传统产业的交易业务，并通过区块链降低交易成本，增加促进流动和周转的激励机制。

4）通证是类证券数字资产，要借鉴金融产品来设计

通证本质上就是类证券的数字资产，所以要借鉴传统金融产品设计来进行通证设计，比如结构化、增信、隔离、锁定等。结构化意味着一个产业的通证可能不只是一个而是一个结构化的通证组合，同时收益的差异化或者优先劣后，可以用智能合约来结构化。锁定意味着要对通证进行锁定的设计，将能力和收益权打包成为资产通证，除了总量的限定之外，还要对交易权限和节奏进行锁定，分步骤实现收益，比如按产量达成情况进行解锁。隔离是将通证的发行和收益隔离开，分阶段设计，这样有利于后来的投资者循环进来。借鉴证券市场的设计，不要太快，也不要太慢，既要考虑投资者也要考虑投机者的进入时机

和节奏的把握，而流通部分要借鉴类似二级市场的拉动和流通。

5）关注行业或者产业链的先发优势

区块链技术在一定程度上解决了传统产业价值传输过程中完整性、真实性和唯一性的问题。降低了价值传输的风险和成本，提高了传输的效率。产业区块链是传统企业进军区块链、建立产业共识的必经之路，也是区块链技术的应用趋势。在一个行业里，谁先做谁有优势，资产加密上链，形成产业的共识，对后来者会有很高的先入门槛。区块链也可能会促进一个行业形成新的组织形式，遵循一定的共识，形成产业的虚拟经营体，资产经验可以货币化和分配，获得更高效的资源配置。

6）关注促进产业或带来增量价值

产业区块链不是只做共享账本，而是要能够产生增量价值或者降低交易成本。通证的设计一定要能够带动实际的产业，能够产生未来的能力或收益，而不只是对已经发生的事情进行事后激励，只有这样才能促进产业的升级发展；比如积分通证的设计就要能够透支未来的消费和服务，比如未来消费达到XX量级可以升级拥有VIP服务的通证，这就是一个未来消费的约定，它会刺激消费者未来的消费。

7）关注体现或者解决产业的共识问题

一个产业的痛点和问题，往往来自产业上下游缺乏互信，才产生各种信息不对称或者利益冲突。通证的设计要能够着眼于产业内的普惠、公平、透明，通过代码实现的共识，来解决产业的核心问题。这是产业的新生产关系，而新的生产关系，必然会触动既得利益者的利益，碰到阻力和攻击，甚至触动或者揭开产业的灰色空间。

8）关注类金融生态体系设计

通证的生态体系与金融体系几乎可以直接进行对应，所以未来会有通证银行、保险、基金、信托、证券、P2P、期货等业态或类似服务。未来的数字加密资产，如果围绕价格和时间，会有类似期货、期权业务；围绕收益，会有类似证券业务。这就意味着会有区块链的“证券交易所”，也就是数字资产交易所，进行数字加密资产的交易交换、衍生品买卖等。因为数字加密资产的普惠和透明、货币化的特点，不再受限于服务容量、大小规模等条件，这会给产业链内小而美的企业一个很好的融资发展渠道。

9）关注传统经济模型

因为通证是数字加密资产，所以资产的经济模型对传统经济模型有继承性。传统经济中的博弈经济模型、货币供给理论，都可以体现在通证经济的激励机制、发行总量和节奏上。产业链不能像空气币或平台币那样只模仿比特币或以太坊的发行模式和激励机制，而是要借鉴传统经济模型的博弈和货币供给理论，进行经济生态的激励机制设计。

10）关注产业链自建交易市场

产业通证不一定要发币上交易所，而是可以在产业链内自建去中心化的数字资产交易平台，实现体系内流通。自建数字资产交易市场，实现体系内循环，建立加密资产标准协议的API对外进行交换；建立实物资产交易的市场，实现互补而不是替代原有的交易，从而实现增量价值。除了通过自建交易市场实现通证的体系内交易、交换之外，还可以对通证进行数字加密资产的质押融资、数字资产证券化、信托资产包、P2P理财投资等金融产品方式实现流动性。

3. 通证模式画布

通证模式画布通过8个核心模块比较简单明了地进行着通证模式的描述和分析，可以映射出传统产业的业务需求和设计通证的逻辑，如图9-4所示。

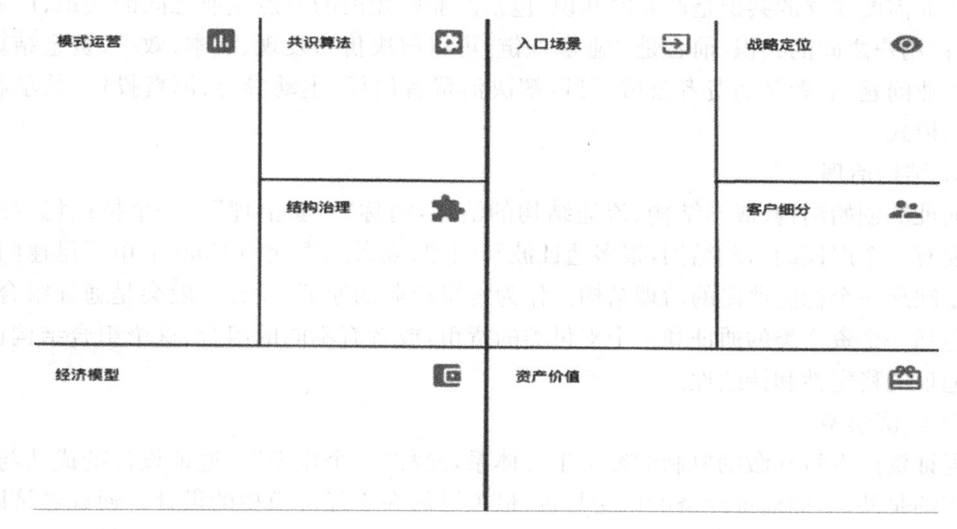

图9-4　通证模式画布框架

这8个模块涵盖了通证模式设计的主要维度：战略、客户、价值、共识、场景、模型、治理和运营。对于区块链经济而言，通证模式就像是一个设计蓝图，可以通过链、币和社区、治理来实现。可以把它形象地总结为"八个一"，即"一句话，一个人，一幅画，一个数，一个共识，一套治理，一个模型，一套运营"。

1）战略定位

所谓"一句话"，就是用一句话概括出企业的战略定位、品牌定位和品牌口号，简称"一句话"。

2）客户细分

定位目标受众和细分客户群体，简称"一个人"。商业的核心是客户和创新，"一个人"就是要明确客户定位，研究客户的需求、画像和体验路径图，洞察这个"人"的全部。

3）入口场景

核心需求驱动的应用场景与入口，简称"一幅画"。通证模式的设计是在清晰的战略定位下，针对具体的目标受众和细分客户群体，通过一个核心的场景来体现和解决他们的核心需求和诉求。

4）资产价值

数字资产的类型和内生价值可视化指数，简称"一个数"。资产价值是通证的核心，它是在区块链加密经济中创造或生产出来的价值单位，用户主动拥有它并分配、分享持有者利益。价值创造的核心是用户预期所持有的通证未来可以做什么？获得什么样的价值？而且这个通证比别人更有可能获得更高的价值。这就需要通证与用户或持有者之间能够建立持续互动的价值联系。

5）共识算法

陌生人或产业联盟达成的共识和实现算法，简称“一个共识”。区块链最核心的创新就是“共识＋通证”，通证经济的核心之一是共识，比特币是对陌生人之间建立的共识，而传统产业需要建立的共识是产业的共识，包括产业联盟内的节点企业之间的共识、产业与消费者/用户之间的共识，前者是产业联盟链，可以解决价格发现、成本、效率、资金结算等传统产业问题；后者是消费者公链，可以解决消费者信任、主动参与、消费投资、共享收益等新的模式。

6）结构治理

通证的创始结构、成本结构、流通结构的治理，简称“一套治理”。一个持续稳定的通证需要有一个严谨的治理结构，很多通证波动剧烈，或者加密代币 Coin 上币后迅速归零，往往是缺乏一个稳健严谨的治理结构。作为传统产业的通证，设计一般会是通证组合，其中会包括一个资产类的通证和一个支付类的货币，或者有不同的组合，这个组合结构也会影响通证的稳定性和持续性。

7）经济模型

通证资产发行和激励机制的经济生态体系，简称“一个模型”。通证设计的成功与否，最关键的是共识；而通证经济的成功与否，最关键的在于经济模型的设计。通证经济既有别于传统产业经济，同时又与传统经济的核心理论比如博弈经济理论、货币供给理论相关联，设计通证经济模型要新旧兼顾。

8）模式运营

资产模式的团队、社区的运营和实现路径蓝图，简称“一套运营”。通证模式的运营核心是团队，从创始人到核心人员是通证成功的关键。核心团队的背景、资历、经验和能力，都会影响到通证价值。而围绕通证经济的技术研发、市场营销、商务销售、社区运营等人员配备和能力经验，是运营成功的基础，也是投资人关心的重点。

9.3 通证设计实训

实训对象以小组为单位，每个小组选择一个行业/企业/业务，进行头脑风暴，将观点写在便签贴上，贴到通证模式画布的模块中，共同设计行业/企业/业务的通证模式或者拆解通证模式的不同组成部分。

1. 通证模式画布讲解

教师详细讲解通证模式的画布内涵，如图 9－5 所示。

重点讲解：①画布的每个模块内涵及分析重点；②每个模块之间如何相互支撑，形成不同类型的通证系统。

2. 讲解通证设计案例

1）比特币（货币模式）通证案例

比特币的概念最初由中本聪在 2009 年提出，区块链是根据中本聪的思路设计发布的开源软件以及建构于其上的 P2P 网络。

比特币是一种 P2P 形式的数字货币，不依靠特定货币机构发行，它依据特定算法，通

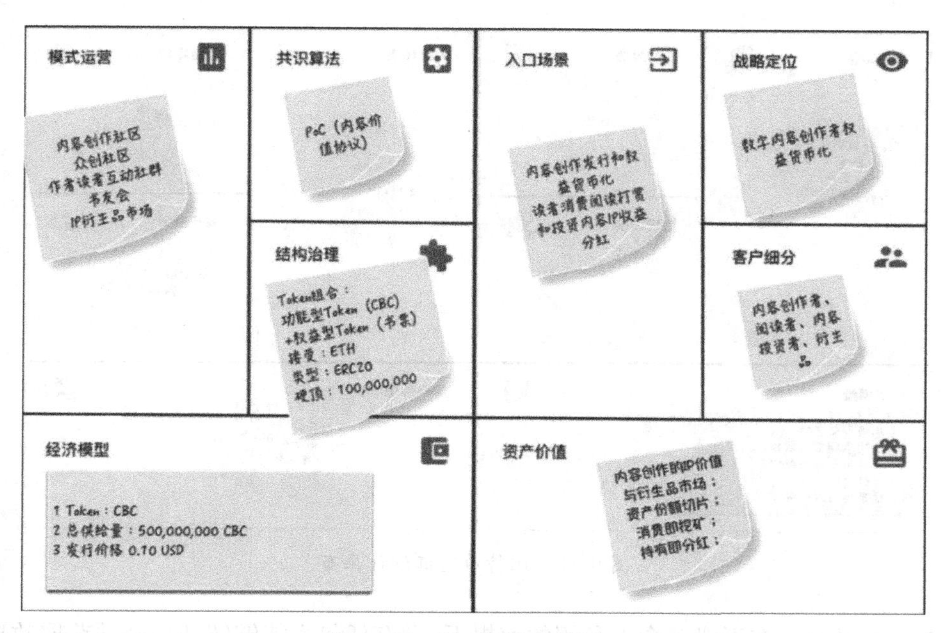

图 9－5　通证模式画布内涵

过大量的计算产生，使用整个 P2P 网络中众多节点构成的分布式数据库来确认并记录所有的交易行为，并使用密码学的设计来确保货币流通在各个环节的安全性。

比特币与其他虚拟货币最大的不同，是其总数量非常有限，具有极强的稀缺性。

比特币系统曾在 4 年内只有不超过 1 050 万个，之后的总数量被永久限制在 2 100 万个。

比特币网络通过“挖矿”来生成新的比特币。“挖矿”实质上是用计算机解决一项复杂的数学问题，来保证比特币网络分布式记账系统的一致性。比特币网络会自动调整数学问题的难度，让整个网络每 10 分钟左右得到一个合格答案。随后比特币网络会新生成一定量的比特币作为赏金，奖励获得答案的人。

比特币(货币模式)通证设计思路，如图 9－6 所示。

2) 达腾(Datum)(数据模式)通证设计案例

达腾是一个去中心化和分布式的 NOSQL 数据库，由区块链技术支持。这项技术可让任何人以安全、隐秘、匿名的方式为结构化数据备份。这些数据包含社交网络数据、穿戴式装置数据、智能家居数据和其他物联网设备数据等。

Datum 提供一个专业市场，让用户按照自己的选项分享、买卖数据。

Datum 网络依靠 DAT 币智能合约提供安全的数据交易，同时遵守数据拥有者选择的条款。

用户可将已使用的各种服务数据以少许 DAT 币为代价，上传至本平台进行存储。

存储节点矿工将已加密的数据存储并传输，通过此方式赚取 DAT 币。

买家以 DAT 币购买数据，所得的 DAT 币将反馈给原数据拥有者。

Datum 发布在以太坊，并可以通过以太币在各主要公开交易市场购买。

Datum 的用户有选择地将数据在本地 App 中加密，清除其中的个人身份信息，然后上

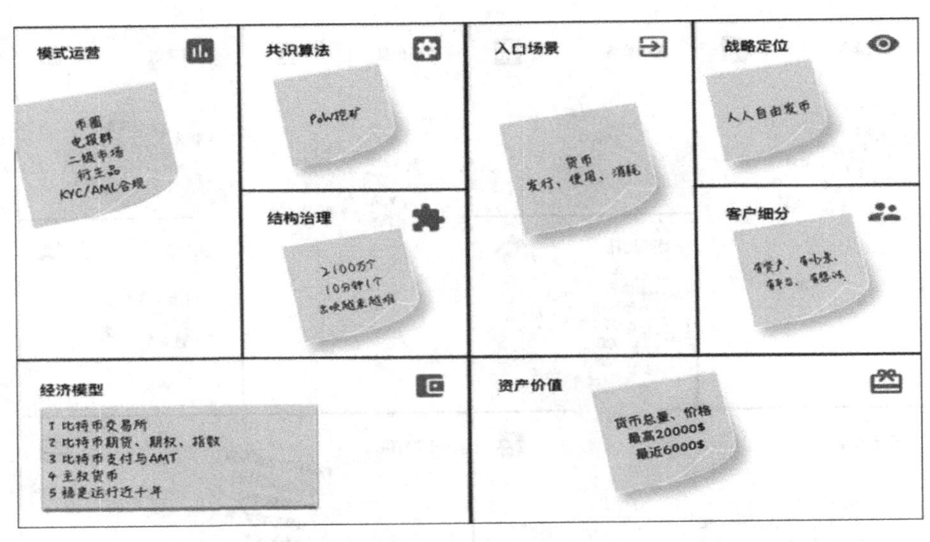

图 9－6　比特币通证设计画布

传到 Datum 平台。在不泄露个人私钥的前提下，没有任何人能够解开加密并获取数据。

达腾(数据模式)通证设计思路，如图 9－7 所示。

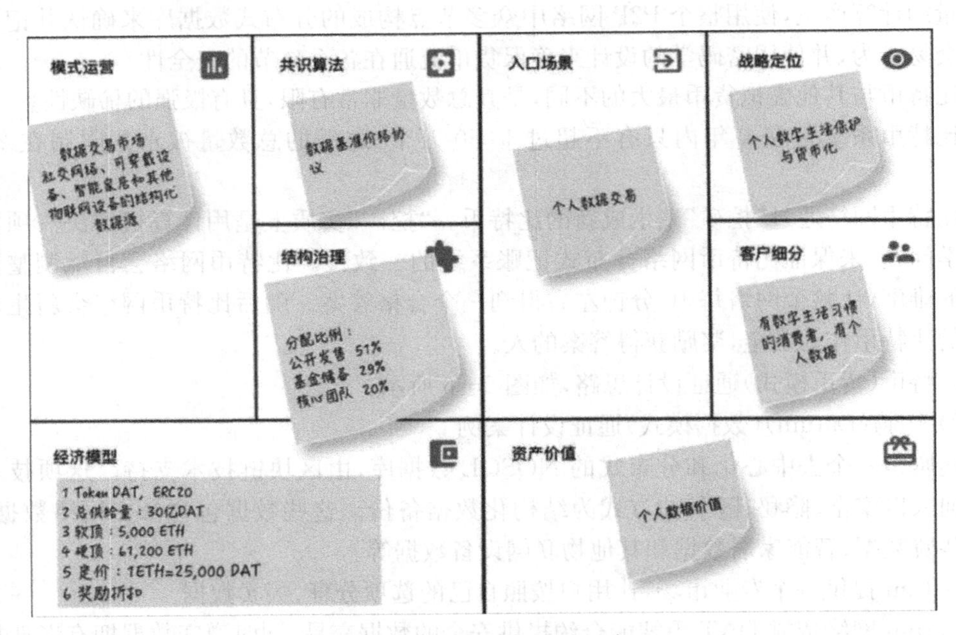

图 9－7　达腾通证设计画布

3. 分组进行通证设计

(1) 实训对象分组学习区块链行业白皮书。

(2) 实训分组进行行业/企业/业务的通证设计。

(3) 实训小组展示通证设计成果。

习　　题

1. 区块链技术的核心价值是什么？
2. 什么是通证？
3. 通证画布的要素包括哪些？

References

参考文献

[1] 中国信息通信研究院. 区块链白皮书(2019 版)[EB/OL]. http://www.caict.ac.cn/kxyj/qwfb/bps/201911/t20191108_269109.htm.

[2] 王延川,陈姿含,伊然. 区块链治理:原理与场景[M]. 上海:上海人民出版社,2021.

[3] 张焕国,刘玉珍. 密码学引论[M]. 3 版. 武汉:武汉大学出版社,2015.

[4] 杨保华,陈昌. 区块链原理、设计与应用[M]. 北京:机械工业出版社,2017.

[5] 魏翼飞,李晓东,于非. 区块链原理、架构与应用[M]. 北京:清华大学出版社,2019.

[6] 季杰. 区块链去中心化金融:实践与应用[M]. 上海:上海交通大学出版社,2021.

[7] 刘翔. 区块链技术赋能的供应链金融模式研究[J]. 会计之友,2021(23):148-152.

[8] 深圳发展银行-中欧国际工商学院"供应链金融"课题组. 供应链金融:新经济下的新金融[M]. 上海:上海远东出版社,2009.

[9] 史金召,杨云兰,元晖. 供应链金融概述及其发展趋势[J]. 金融理论与教学,2014(2):14-18.

[10] 杨小海. 我国国际商业保理的现状与问题[J]. 金融市场研究,2020(7):39-45

[11] 回小艺. 商业保理融资业务风险管控问题研究:以广州海印"索菱业务"为例[D]. 郑州:河南大学,2021.

[12] 张嘉宾. 区块链在保险行业应用问题研究[J]. 中国管理信息化,2020,24(20):87-88.

[13] 花诗雨. 区块链在保险行业中的应用研究[J]. 经济管理文摘,2021(11):41-42.

[14] 李浩,李新,陈远平. 区块链在电子发票报销中的创新应用模式[J]. 数据与计算发展前沿,2021,3(4):116-125.

[15] 袁勇,王飞跃. 区块链技术发展现状与展望[J]. 自动化学报,2016,42(4):481-494.

[16] 张庆胜,刘海法. 基于区块链的电子发票系统研究[J]. 信息安全研究,2017,3(6):516-522.

[17] 刘哲,郑子彬,宋苏,等. 区块链存在的问题与对策建议[J]. 中国科学基金,2020,34(1):7-11.

[18] 王舰,赵悦,董灿. 关于区块链电子发票的思考与建议[J]. 财务与会计,2019(14):63-65.

[19] 胡梦齐. 电子发票带来的影响及其推广[J]. 中国乡镇企业会计,2015,23(8):285-286.

[20] 李平. 完善我国电子发票管理的几点建议[J]. 国际税收,2016(4):74-77.

[21] 张浪. 区块链+:商业模式革新与全行业应用案例[M]. 北京:中国经济出版社,2019.

[22] 陈源,胡慧超,刘蕴如,等. 通证学[M]. 北京:机械工业出版社,2019.

[23] 刘振友. 通证思维:基于区块链的强协作[M]. 北京:中国财富出版社,2020.